菓子店、パン店、カフェ

小さな店のつくり方

3種への開店姿勢シュミ 繁盛店の開業事例30

小さくても、魅力的な店が増えています

焼き菓子メインの小さなカフェ、
サードウェーブ系コーヒースタンド、
ドーナツやワッフル、サンドイッチの専門店……。
今、10坪前後の個性派ショップが続々とオープンしています。
コストが抑えられ、少人数で運営できる小型店舗での出店は、
"独立開業"のトレンドの一つとなっています。
とはいえ、低予算、小スペースでは、悩みも少なくありません。
限られた予算で魅力的な店をつくるには?
狭い空間で動線や収納スペースを確保するには?
本書では2019〜22年にオープンした
菓子店、パン店、カフェ30店の開業事例を紹介。
実際に店を開いたオーナーたちの経験談には、
知恵と工夫が凝縮されています。
「こうしてよかった」「こうしておけばよかった」。
そんな先輩オーナーのリアルな本音を、
未来の開業に役立ててください。

小さなパティスリー、焼き菓子専門店

小さなスイーツショップ、ベーカリー&サンドイッチ専門店

小さなカフェ、
コーヒースタンド＆バー

Column

デザイン＊芝 晶子、廣田 萌、游 珮萱（文京図案室）
文＊笹木理恵、佐藤りょうこ、藤田アキ、諸隈のぞみ
写真＊川瀬典子、佐藤克秋、シンヤシゲカズ、三佐和隆士、安河内 聡
イラスト＊平井利和(P6〜13)、Misaki
校正＊諸隈のぞみ
編集＊黒木 純、一井敦子（柴田書店）

＊本書は、（株）柴田書店刊行のMOOK「café-sweets」vol.200（2020
年6月刊行）、vol.206（2021年6月刊行）、vol.214（2022年10月刊行）に掲
載した特集記事を再構成したものです。掲載した写真や記事の内容
は、取材時のものになります。商品の価格や、営業時間や定休日など
の店舗データは、2023年2月時点のものです。

開業は決めたけど、オープンまでに何をする?

開業準備は段取りがすべて。開業を決意してから1年後のオープンを目安に、
10坪前後の店舗規模を想定した菓子店、パン店、カフェの開業までの流れを紹介します。

1   12ヵ月前

コンセプトを立てる

アイデアを客観視し、
開業後の具体的なイメージをもつ

まずは、「どんな店にしたいか」を明確にすることからはじめましょう。当り前のことですが、じつはこれがいちばん重要です。商品・メニュー構成などにおいて他店とどう差別化するかを考えるだけでなく、順調に経営するためにお金の流れを整理することも忘れずに。融資の際に必要となる事業計画書のベースにもなるので、詳細に考えましょう。開業後、想定通りにいかなかったとき、立ち返って再検討する材料にもなります。

整理してみよう

☐ 自分の経歴や強み
☐ ターゲット層や利用動機
☐ 最適な立地
☐ コンセプトを演出するアイデア
☐ 他店と差別化できる商品・メニュー構成、
 営業時間
☐ 人件費や固定費などを考慮した売上計画
☐ おもなメニューの原価計算や販売価格の
 試算
☐ 粗利の高い商品・メニューの設定とその品
 数のバランス
☐ 材料の仕入れ先
☐ 販促方法
☐ 1日のタイムスケジュール etc.

2

10～8ヵ月前

物件を選ぶ

時間や曜日別の人の流れを調べ、
コンセプトに合った立地を探す

ターゲット層を意識したエリア選定は、安定した経営には欠かせません。不動産会社選びや物件探しははやめにスタートし、実際に何度か街を訪れて物件周辺の人の流れや競合店舗などの情報を徹底的に集め、じっくり時間をかけて決めましょう。融資の活用を考えている場合は、申請時に賃貸契約書や施工業者の見積書が必要になる場合もあるので注意。また、居抜きかスケルトン物件かによって、初期投資額は大きく変わります。設計・施工会社を先に決め、一緒に物件の内見に行くのもよいでしょう。また、営業に必要な最大電力の確認も欠かせません。

3

資金を調達する

借入れの場合、自己資金は
総額の3分の1以上必要

自己資金だけで開業資金をまかなえない場合は借入れをしますが、担保物件や経営実績がないと、民間の金融機関からの調達は困難です。個人飲食店の場合は、新規創業者向けの融資制度がある「日本政策金融公庫」を利用できますが、自己資金は借入れ総額の3分の1以上は必要。ほかに、融資制度の目的に合う場合に無担保で借りられたり、金利や返済方法が優遇されたりする自治体の制度や、返済不要の補助金、助成金もあります。必要な金額や用途に応じた調達先を見つけましょう。

4

4ヵ月前

工事の前に相談・確認

設計・施工費用は、想定する年間売上高の
2分の1以内に収めるのが妥当

設計・施工会社を選んだら、予算やコンセプトを伝えて施工の予定を立てます。そして、着工前のできるだけ余裕をもった日取りで保健所へ事前相談に行きましょう。店舗開業に必要な申請は、立地や自治体、規模や営業時間などによって異なるので、該当する施設の営業許可基準を満たした内装かを確認しなければなりません。店舗が基準を満たさない場合、営業は不可能。工事のやり直しが必要になるケースもあるので注意しましょう。また、一般的に設計・施工費用にかける金額は、想定する年間売上げの2分の1が妥当といわれています。こだわりのあまり高額になりすぎないように。DIYでできることも考えてみましょう。

5

厨房機器を
購入する

高機能なものが最善ではない。
自身の経験に基づき、取捨選択を

運営準備も並行して行うこと
この時期には、包材・食器・備品の購入、メニューの
試作、スタッフの募集や指導計画の立案、プロモー
ション計画など、必要な業務を洗い出し、タイムス
ケジュールとチェック表（P.11参照）をつくって段取り
を組むとよいでしょう。

内外装の施工開始前後で、必要な厨房機器や什器をリストに
し、業者を選定しましょう。保健所の規定で食器棚の扉、厨房
内の手洗いや冷蔵庫が必要だったりするので、事前の確認も忘
れずに。物件により最大電力の制約もあります。また、新型コロ
ナウイルス感染拡大をはじめとした昨今の世界情勢の影響で、
必要な機器の納入が遅れたり、手に入らなかったりといった声も
少なくありません。開業日が遅れないためにも余裕をもってリサ
ーチをはじめるとよいでしょう。

6

各種申請を行う

営業許可取得までのプロセスは煩雑。
余裕をもって準備を進めよう

営業をはじめるには、食品衛生責任者の資格を取ったうえで、
「食品営業許可」や「菓子製造業許可」などの取得が必要です。
書類を提出して完了ではなく、施工完了後に保健所立ち会いの
もと確認検査が行われることを考慮して、時間に余裕をもって
進めましょう。営業施設基準に適合するまで、仕込みを含む営
業行為は行えません。申請書類の準備が時間的に厳しい場合
は、行政書士などの専門家に頼んでもOK。

必要な届出もさまざま。
提出先もいろいろ

- 消防関係の手続き
  →消防署
- 個人事業主として開業する場合
  →税務署
- 従業員を雇う場合
  →税務署、労働基準監督署
- 深夜12時以降にお酒を提供する場合
  →警察署 etc.

開業!

開業はゴールではない!
オーナーの業務は多岐に渡る

無事オープンでき、安堵したのも束の間、ほんとうに大変なのは
ここからです。製造して販売するだけでなく、業者とのやりとり
や売上げの確認、従業員の教育や勤怠管理など、オーナーの仕
事は多岐に渡ります。「睡眠を削って、時間に追われる日々が続
く……」という先輩オーナーの声も多々。どのような業務がある
のかを事前に把握し、開業後の生活をイメージしておきましょう。
店の成長は一朝一夕では得られません。長期的なイメージをあ
る程度もって営むことも大切。日々の膨大な仕事のなかで今何
を優先すべきか迷ったとき、一つの判断材料になります。

うっかり忘れを回避!

開業目前のチェックリスト

オープン日まで残りわずか。営業初日は想定外のことが起こりがちです。
できるだけスムーズに営業できるよう、事前に避けられるトラブルは防いでおきましょう。
オープン3ヵ月前〜直前に行うチェックリストで、
こぼれ落ちた準備がないか、一度確認をしてみてください。

1 各種申請

□ 営業許可は下りているか

□ 防火対象物使用開始届出書と火を使用する設備等の設置届は消防署に提出したか

個人事業主の場合

□ 個人事業の開業届出書を税務署に提出したか

法人の場合

□ 法人設立届出書を税務署に提出したか

青色申告を行う場合

□ 青色申告承認申請書を税務署に提出したか

従業員を雇う場合

□ 給与支払事務所等の開設届出書を税務署に、労災保険に関する届出を労働基準監督署に提出したか

親族や配偶者を専従者として雇う場合

□ 青色事業専従者給与に関する届出書を税務署に提出したか

2
設備・厨房機器

- □ ガス設備や厨房機器に不具合はないか
- □ 照明や空調・換気設備に不具合はないか。冷暖房の風向きは適当か
- □ 音響システムは正常に作動するか
- □ インターネットや電話は使えるか
- □ トイレやシンクなど水まわりの設備に不具合はないか
- □ すべての電気・照明・厨房機器を使ってもブレーカーは落ちないか
- □ レジに商品登録は行ったか
- □ 冷蔵ショーケース、厨房機器、各種電子機器などの説明書に記載されている重要事項をある程度把握したか
- □ 1日の日光の入り具合によって劣化が進みそうな機器や商品の陳列箇所はないか。劣化を防ぐためのカバーやブラインドなどの準備は適切か
- □ お客の目に入ってほしくないものは撤去されているか

3
備品・その他

- □ メニュー表やプライスカードに誤りはないか
- □ 包装梱包用品は過不足なくそろっているか
- □ ハサミやペンなどの筆記用具はそろっているか
- □ 領収書・店舗ゴム印の準備はできているか
- □ ショップカードや名刺は準備してあるか
- □ 清掃用具はそろっているか
- □ トイレットペーパーやハンドソープはそろっているか
- □ 店舗専用の銀行口座を開設したか
- □ 売上金の管理方法を考えたか
- □ 害虫対策は行ったか
- □ 着用するユニフォームは決まっているか
- □ 店内に流す音楽などは用意できているか

カフェ営業の場合
- □ 必要最低限の食器やカトラリーはそろっているか

カフェ営業の場合
- □ 卓上調味料類は補充してあるか

カフェ営業の場合
- □ ペーパーナプキンやおしぼり、ダスターはそろっているか

4
接客
オペレーション

☐ レジの使い方を全員が理解しているか

☐ 領収書を発行できるか

☐ クレジットカードや各種電子マネー決済の処理ができるか

☐ メニューに使われている食材を把握しているか

☐ クレーム発生時の対応について話し合っているか

☐ 製造や接客の作業動線で実際に動いてみて不具合はないか

☐ 混雑した場合のお客の誘導方法について考えたか

カフェ営業の場合

☐ 客席へのメニュー提供時に、受け渡す料理やトレー、食べ終わった食器などを一時置ける場所などは確保しているか（スペースは限られるため、簡易テーブルなどを設置したほうがよいかなど、可能な範囲で考えてみましょう）

5
集客

☐ SNSの投稿やホームページの開設、チラシの配布などによる告知を行ったか

☐ 近隣の店や住宅、商店街であれば組合などへ挨拶まわりをしたか

☐ 営業時間や定休日など、基本の営業情報を周知させる仕組みをつくったか

☐ お客が行列をつくったときの対策（整列方法やウエイティングリスト、予約アプリの導入など）を考えたか

☐ 駐輪・駐車スペースの確保やその整列方法などはイメージできているか

☐ SNSへの投稿頻度や、メッセージへの返信対応のルールを決めたか

シュークリーム
￥190＋税

いちごタルト
￥480＋税

レモンフ
￥380＋税

チョコレートタルト
￥500＋税

エクレロ
バニラ
￥230＋税

ショートケーキ
￥490＋税

マドレーヌ
￥180・税

フィナンシェ
￥190・税

チョコチップ
税

マフィン
いちごと ホワイトチョコ
￥400・税

ヘーゼルナッツと
リコッタチーズの？
￥400・税

小さなパティスリー、焼き菓子専門店

菓子店 あまつひ（大阪・京橋）

お菓子屋 ひつじ組（東京・三鷹）

ヒロミ アンド コ スイーツ アンド コーヒー
（東京・小伝馬町）

菓子屋 ヌック（東京・金町）

ベイクドアップ キョウコ（東京・武蔵境）

ふくふく焼菓子店（東京・中野坂上）

ヤミー ベイク（神奈川・茅ヶ崎）

おやつ屋 果林食堂（石川・金沢）

菓子店 あまつひ

シンプルな菓子と温かみのある店づくり。
随所にセンスが光るナチュラルな雰囲気が魅力

住宅街の公園前に立地。売り場から公園の緑が見えるように大きな窓を設けた。将来的には、入口の脇に配したブドウの木のツタを屋上のパーゴラ（植物をからませる棚）に這わせたいそう。

JR、京阪電鉄、大阪メトロの3つの路線からなる京橋駅から徒歩約6分の住宅地に、2019年8月、「菓子店 あまつひ」がオープンした。「製菓専門学校に入学する前から、将来は自分のお店をもって、自分に合ったペースで働きたいと考えていました」と語るのは、オーナーの木村眞世さん。フランスでの研修や、人気店やホテルなどでの修業を経て"1人で切り盛りできる店"の開業をめざした。

物件の条件は、大阪市内の静かな立地で10坪以下。家賃は10万円以内。物件探しをはじめて約3ヵ月後に、京橋の美容室だった8坪の現物件に出合った。京橋エリアは、飲食店などが軒を連ねる歓楽街として有名だが、繁華街を抜けた閑静な住宅街の公園に面したロケーションが気に入ったという。ただ、飲食店が入ったことのない物件だったため、空調や電気などの工事が必要となり、当初の内外装費の見積もりは、予算の150万円を大幅に上まわる500万円に。そこで、工事は最低限にし、塗装作業を手伝うなどすることで、270万円まで抑制した。

8坪とコンパクトな物件を理想の店に近づけるため、陳列台やショーケースの裏、壁面を最大限に活用するなど、とりわけ収納スペースの確保に注力。また、売り場を広くしてイートインスペースを設けたり、逆に厨房を広くしたりできるように、陳列台を可動式にして、そのときの状況や考えに合わせてレイアウトを変更できる工夫も施した。

店にも菓子にもナチュラルさをプラス

商品は生菓子10品と焼き菓子5品。クラシックなフランス菓子をベースにした「素材の風味を楽しめる、シンプルで親しみやすい菓子」にこだわり、糖分や油脂分を抑えた軽やかな味わいをめざしている。「見た目もナチュラルな雰囲気が好みなんです」

開業までの歩み

2011年4月──エコール 辻 大阪に入学。

2012年10月──辻調グループ フランス校に留学。リヨンの「ダニエル・レベ」で10ヵ月研修。

2013年10月──静岡・浜松のパティスリーで2年修業。

2015年10月──大阪のホテルのペストリー部門で1年修業。

2017年3月──開業資金を貯めるために食品製造工場でアルバイトを開始。

10月──飲食店経営のセミナーに半年間通う。

2019年2月──物件探しを開始。

5月──現物件を契約。工務店を選定する。工務店の担当者やデザイナーとの打合せを重ねる。

6月──建材選びなどに同行。照明や家具などを購入。アルバイトを辞め、経理のセミナーを受講する。

7月──上旬に内外装工事スタート。下旬に厨房機器や什器などを搬入する。材料の仕入れ先を決める。

8月──中旬に工事が完了し、試作を開始。25日に近隣の住宅を中心に2000枚のチラシをポスティングする。26日にオープン。

内外装工事は知人から紹介された兵庫・甲子園口の工務店、(株)アトリエウエに依頼。木村さんが敬愛する京都の人気カフェを同社が手がけたことを知り、契約を決めた。

と言う木村さん。手づくり感が伝わるようにナッペの跡を不規則に付ける、ハーブを添えるといったデコレーションを施す。また、包材は温かみのあるクラフト紙や麻の紐を採用。店内の随所に緑やドライフラワーを飾るなど、内装にも商品と共通する世界観が感じられる。

「お客さまとの会話が大好き。今は集客に重きを置くよりも、ていねいな菓子づくりと接客に力を入れ、当店を気に入ってくださる方を大切にしたいです」と木村さん。いずれは近隣のコーヒーショップなどへの卸販売やイベントへの出店なども行っていきたいという。

DATA

スタッフ数	1人
商品構成	生菓子10品、焼き菓子5品
店舗規模	8坪
1日平均客数	約20人
客単価	1500円
売上目標	月商75万円
営業時間	14時〜18時（売りきれ次第閉店）
定休日	不定休

商品は、生菓子10品と焼き菓子5品をラインアップ。「素材の風味を楽しめる、シンプルで親しみやすい菓子」がモットーだ。一番人気は、クッキー生地を重ねたシュー生地になめらかなクレーム・ディプロマットを詰めた「シュークリーム」（260円）。

いかに上手に収納できるかで作業効率が大きく変わるので、
できるだけ収納スペースを確保できるように工夫しました

オーナーの木村眞世さんは、1992年奈良県生まれ。エコール 辻 大阪で製菓を学び、
辻調グループ フランス校に留学、リヨンの「ダニエル・レベ」で10ヵ月研修。帰国後、
静岡や大阪のパティスリーやホテルで修業したのち、2019年8月に独立開業。

ある日のタイムテーブル

8:00	出勤。菓子の仕込み・焼成、仕上げ
12:00	作業の合間に1時間休憩
13:00	商品の陳列作業など開店準備を行う
14:00	開店／接客をしながら、菓子の仕込みを続ける
18:00	閉店／片付け・清掃
19:00	帰宅

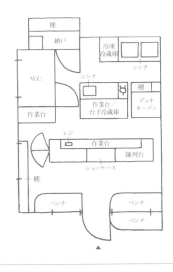

8坪

開業投資額

600万円

物件取得費	140万円
内外装工事費	270万円
厨房設備費	70万円
什器・備品費	16万円
運転資金	50万円
その他	54万円

ショーケースと陳列台の裏に 作業&収納のスペースを確保

すのこスタイルの壁掛け収納で シンクまわりの空間も生かす

売り場近くの壁面にカードルを 吊るして"見せる収納"に

奥行のあるショーケース台と陳列台を導入し、裏側は作業台として機能させた。また、作業台の下はすべて収納スペースとし、包材などを保管。「効率的に作業ができ、大正解でした」と木村さん。

水きりかごの代わりに、すのこのような木枠を壁に取り付け、棚も設えた。道具類は洗ったらさっと吊り下げ、つねに整理整頓された状態に。スペースを確保するため、壁面も最大限に活用する。

収納に場所をとるカードルは、売り場近くの壁に取り付けたフックにかけて収納している。銀色の額縁のような見た目が白い壁にマッチし、内装のアクセントにもなっている。

開業前にチラシ 2000枚を配布して 好スタートをきる

チラシを2000枚印刷し、開業前日に近所にポスティング。チラシ持参で「お好みの焼き菓子1個プレゼント」という特典をつけ、約50枚回収。思った以上の成果があり、よいスタートがきれました。開業準備期間は、職人さんの仕事に興味があり、施工中は頻繁に出向いて会話をしたり、手伝える部分は手伝いました。工務店の方や大工さんのお人柄もよく、店づくりをめいっぱい楽しめました。

機材や材料は 商品構成を考えて 購入すべき

パティスリーやホテルで働いていた感覚のまま開業準備を進めてしまい、「オープンしたらあれもこれもつくりたい!」という思いもあって、道具や材料を多めにそろえてしまいました。そのため、現在は使っていない道具もあり、材料の一部は無駄になってしまいました。商品構成を綿密に練って、まずは必要最低限の道具や材料をそろえ、開業後に不足ぶんを購入すればよかったです。

予想外に内外装費が増大。 開業後の運転資金も考えて 予算の組立ては綿密に

開業投資額のなかでも、とくに内外装工事にかかる費用は見当がつかず、低めに見積もってしまいました。その結果、当初の予算だった150万円を大きく上まわる270万円になってしまい、差額のほとんどを運転資金として考えていた自己資金200万円からまかなうことに。そのため、運転資金は50万円に減額。開業後の不安が募り、心に余裕がなくなってしまいました。

休憩場所の確保を 忘れていました

売り場から厨房が見渡せる設計にしたため、売り場からの死角はオーブンの裏の小さなスペースのみ。休憩場所の確保が頭からすっぽり抜け落ちていました。入口横には大きなガラス窓を設置したことから、通りからも厨房がよく見えてしまい、椅子に座って休憩したり、昼食をとったりすることが難しくて……。今から壁を新設するわけにもいかないので、オーブン裏の死角でなんとか頑張っています。

お菓子屋 ひつじ組

未年生まれのパティシエール・ユニットがつくる
フランス菓子。クッキー缶は通販でも大人気

営業時は入口の扉を開けっぱなしにしてお客が入りやすくしている。営業は、無理なく働けるように、9時〜13時、15時〜19時の2部制にした。

2019年から都内で、間借り営業で焼き菓子を販売し、クッキー缶や、フルーツサンドのように手で食べられる「手づかみショート」などのオリジナル菓子で話題を集めていた「お菓子屋 ひつじ組」。豊島区・椎名町にあった間借り店舗は、近隣に住む常連客に惜しまれながら22年5月に閉店し、6月に三鷹駅から徒歩15分ほどの住宅街に実店舗をオープンした。

「もともと『ひつじ組』での活動は1年限定と考えていたのですが、ありがたいことに応援してくださるお客さまが増えて。そのご縁で現物件が空くと聞いて、実店舗経営に挑戦したいと思ったんです」とオーナーのみさとさん。当初から活動をともにしていた、友人でありパティシエールのまなみさんと新たなスタートをきった。

自分たちも心地よく働ける工夫を

新店舗は、入口の扉にはめ込まれたステンドグラスと、店内で制作しているたくさんのドライフラワーが印象的。商品は260円〜の焼き菓子8品と、600円〜の生菓子5品、シロップやフルーツの組合せを選べる夏季限定の「パフェ氷」をラインアップ。菓子はクラシックなフランス菓子のレシピを踏襲しつつ、旬の果物をふんだんに使い、ハーブやスパイスでアクセントを加える。

「当店のお菓子は、平均的な価格よりは50円ほど高いかもしれませんが、吟味した食材を惜しみなく使い、原価計算をシビアに行ったうえで設定しています。『50円プラスで払ってよかった』と思ってもらえるようにつくっています」とみさとさん。また、開業にあたっては自分たちが心地よく働けることも大切にした。厨房にはみさとさんのお気に入りの花柄の壁紙を貼り、営業は2部制に。13時〜15時の2時間をクローズタイムとし、スタッフの昼食・休憩時間と午後の菓子の補充作業にあてている。

開業までの歩み

2011年〜——東京製菓専門学校でみさとさんとまなみさんは出会う。みさとさんは卒業後、「パティスリーコリウール」(東京・下丸子)で4年修業。ビストロなどでの勤務を経て渡仏。まなみさんは卒業後、「エスプリ・ドゥ・パリ」(同・三鷹)やその姉妹店で7年勤務し、アイシングクッキーの製造を任される。

2018年〜——みさとさんは、帰国後パティスリーや山梨のブドウ農園で働いたのち、1年後の海外移住を視野に入れ、期間限定で「スプラウトカフェ さくら坂」(東京・六本木)のオープニングスタッフとして勤務。

2019年5月〜——みさとさんとまなみさんは別々のカフェで働きながら、共通の友人の焼き菓子販売の手伝いで、週1回程度、東京・椎名町のシェアキッチンで焼き菓子を製造する。

2020年3月——みさとさんは、新型コロナウイルス感染拡大の影響で海外移住が白紙となり、「お菓子屋 ひつじ組」という屋号で本格的に活動しようと決意し、カフェを退職。まなみさんも活動に参画し、椎名町のシェアキッチンで週3回、焼き菓子を製造・販売するようになる。ほかにも、ホームページでの通販や、菓子とドリンクのペアリングイベントなども行う。

2021年4月〜——製造量が増えたことから、椎名町のシェアキッチンでの活動に加え、三鷹・緑町のシェアキッチン「MIDOLINO_」を借りて週1〜2回製造・販売するように。

10月——緑町のシェアキッチンのオーナーから現物件が冬ごろに空くことを聞き、実店舗の開業を意識。東京都の「若手・女性リーダー応援プログラム助成事業」申請のための資料づくりに取りかかる。その後、申請。

2022年1月——助成金の採択が決まり、現物件を契約。すぐに着工。オープンまではシェアキッチンで製造・販売を行い、通販用の菓子の製造も続けることに。

5月——2つのシェアキッチンでの営業を終了。まなみさんが前職を退職。

6月——工事が完了し、厨房機器を搬入。10日オープン。

壁は、オレンジ色のカラーサンドを混ぜた漆喰を塗ってやさしい雰囲気に。陳列台は壁に対して斜めに配置してインパクトを出す。

オーナー
みさとさん

店長
まなみさん

店名の"ひつじ"は2人が未年生まれであることが由来。「当店はコンセプトや売れ筋商品をとくに設けていないのが"こだわり"なんです。こちらのおすすめをアピールしすぎると、お客さまも疲れてしまうかなって。気楽にご来店いただいて、気分に合わせて自由に商品を選んでほしいです」とみさとさんは話す。

ショーケースにはタルトなど5品の生菓子を用意。「仕事後に、厨房でショートケーキを手づかみで食べるのが好きだった」という経験から開発に至った「手づかみショート」は、パイナップルや白桃、ブドウなど、季節ごとにフルーツが変わる。どれも大きめにカットしたフルーツを挟んでいる。

DATA

スタッフ数	5人(アルバイトスタッフ3人)
商品構成	生菓子5品、焼き菓子8品、テイクアウト用パフェ氷1品(夏季限定)、クッキー缶1品(受注販売限定)
店舗規模	10坪(厨房6坪、売り場4坪)
1日平均客数	40～60組
客単価	1200円
売上目標	月商45万円(店舗販売のみ)
営業時間	水～土曜 第1部9時～13時、第2部15時～19時、日曜 第1部のみ営業
定休日	月・火曜

8品の焼き菓子は、スパイスやハーブで風味にアクセントをつけることが多いそう。組合せが選べる詰合せボックスも用意している。店内でつくるドライフラワーは、ギフト箱の飾りとしても活用する。

日本のアンティーク家具やヨーロッパの小物を織り交ぜて
和洋折衷の空間に。自分たちが心地よく働ける店づくりを心がけました

オーナーのみさとさん(写真右)は、1991年北海道生まれ。パティスリー勤務やフランス修業を経て、2019年5月に「お菓子屋 ひつじ組」を立ち上げる。店長のまなみさん(写真左)は、1991年東京都生まれ。パティスリーやカフェに勤務したのち、19年5月にひつじ組に参画。

ある日のタイムテーブル

5:00	みさとさん出勤。生菓子の仕上げ
8:30	店番(第1部)のアルバイトスタッフ出勤。オープン準備
9:00	開店／厨房のアルバイトスタッフ出勤。店番スタッフは、接客をしながら、商品の梱包・発送準備を行う。みさとさんと厨房スタッフは、菓子の仕込み作業をはじめる
11:00	まなみさん出勤。インスタグラムに投稿
13:00	第1部終了
13:30	店番スタッフ帰宅。みさとさん・まなみさん休憩。厨房スタッフは厨房の掃除を行う
14:30	店番(第2部)のアルバイトスタッフ出勤
15:00	第2部スタート。仕込み作業を続けながら、焼き菓子の袋詰めなども行う
17:00	厨房スタッフ帰宅
18:00	みさとさん帰宅
19:00	閉店
19:30	店番スタッフ帰宅
20:00	まなみさん帰宅

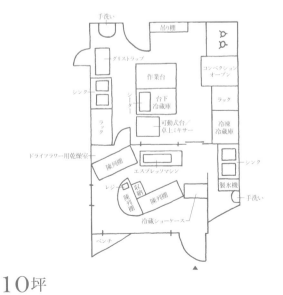

10坪

開業投資額
784万円

物件取得費	60万円
内外装工事費	424万円
厨房設備・什器・備品費	200万円
運転資金	100万円

シーター使用時は可動式台を活用し、作業スペースを広げる　**グリストラップは、清掃しやすいよう専用のスペースを確保**　**ガラス棚専用ブラケットを使ってセルクルを簡単収納**

クッキー製造用のシーターは、広げると作業台に収まらないため、可動式の台を追加して作業場所を拡大。厨房の通路はこの可動式台が通れる幅に設定し、使わないときはラックの下に収納する。

グリストラップはシンクの下に設置すると掃除しづらく、物件の構造上、床にも埋められなかったため、シンクの隣にコンクリートで専用の空間をつくり、上部に木製の扉を取り付けた。

「セルクルは縦に重ねづらく、収納しにくい」ため、壁にフックを設置し、そこにかけることに。ガラス棚専用のブラケットを用いると、先端が上を向いているため、落下も防げるという。

毎日インスタグラムに投稿し、新規顧客を獲得

現店舗は住宅街にあり、商業地と比べて新規顧客の獲得が難しいので、毎朝インスタグラムに写真を投稿し、存在をアピールしました。投稿時に注意しているのは、「その日の商品や新作の紹介などお客さまが欲する情報を載せること」「製造風景などつくり手が身近に感じられる投稿も行うこと」「気楽に来店できるよう、長文や思いの強い投稿は避けること」。大変そうですが慣れれば10分程度で投稿できますよ。

確定申告をする時間がとれない！

私の場合、個人事業主として開業したため、確定申告の際は青色申告が必要でした。自分で財務状況をこまめに確認したかったので、税理士事務所には委託せずに、freee（株）の「freee会計」というソフトを活用。しかし、オーナーとしての業務量が想像以上に多く、領収書の数も膨大で、手がまわらず……。結局、同サービス内で税理士に相談することに。開業前の余裕があるときに税理士を探せばよかったです。

友人との開業はお互いの気遣いが欠かせない

まなみさんとは学生時代からの友人。お互いの性格がよい意味で対照的。まなみさんが得意なことも理解していたので、私が不得意な仕事を安心して任せられました。ただ、「仕事となると互いに真剣であるぶん、衝突が起きて友達でいられなくなるかもしれない」という覚悟もしましたね。オーナーという立場上、指示をしないといけない部分がありますが、感情的にならず、リスペクトを忘れないように気をつけています。

製造経験のあるアルバイトが見つからない

日々の製造以外にもオーナー業務はたくさん……。人気の通販サイトでクッキー缶の販売を開始してからは製造量が増加して、睡眠時間を削る日々が続きました。インスタグラムでパティシエを募集しましたが、業界のパティシエ不足もあってか、なかなか見つからず……。現在はやる気のある未経験のアルバイトを雇い、仕込みを一緒に行っていますが、仕事を任せられるパティシエがいたらありがたいですね。

ヒロミ アンド コ
スイーツ アンド コーヒー

豊富な経験を糧に綿密な計画を立て、
夫婦2人で独立開業。行列のできる人気店に

真っ白な外壁と大きなガラス窓が目をひき、道行く人の多くが店内をのぞく。施工は（株）M&Partnersに依頼し、内外装やロゴのデザインは浅井さんが手がけた。壁の塗装などはみずから行い、約100万円を節約。施工会社は4社から見積もりをとった。

東京・小伝馬町の路地に店を構える「ヒロミ アンド コ スイーツ アンド コーヒー」。オーナーシェフの小山弘美さんは、調理師専門学校での秘書業務や約6年のフランス修業、夫でデザイナーの浅井俊介さんと手がける食に特化したデザイン会社での多岐に渡る事業運営など、さまざまな経験をもつ。また、興味をもったことはとことん追求。フランス料理と菓子に加え、カクテルやコーヒー、台湾料理などの知識も豊富だ。

「父が旅館の板前だったこともあり、昔から食べることは好きでした。社会人になっていろいろな飲食店に行くうちに、人を幸せにする食の世界に自然とひかれるようになり、自店開業の夢をもつようになりました」と小山さん。調理師専門学校でフランス料理と菓子を学び、母校での勤務を経て渡仏。パリの製菓学校に通い、菓子教室やケータリング業を手がけたうえ、レストランのシェフも務めた。浅井さんとはパリで出会い、帰国後に結婚。その後は浅井さんを支えることを中心に考え、浅井さんが設立したデザイン会社を手伝うほか、2人で食に特化したデザイン会社を営んできた。

帰国後10年を経て、開業の夢を叶える

「パリでは夫にたくさん手伝ってもらったから、帰国後は私が彼をサポートしたかった。50歳くらいで食の世界に戻れたら、と思っていましたが、40歳をすぎて、そろそろ自分に目を向けてもいいかな、と思い、まずは商品開発用のテストキッチンをもとうと考えました」と、1人体制を前提に10坪以下の物件を探しはじめた。現物件との出合いは2020年4月。浅井さんが見つけた物件だった。「夫に、一緒に店をやりたいって言われたんです。びっくりしました」と小山さん。事業計画を2人体制にして練り直し、

開業までの歩み

1990年代前半——高校卒業後、一般企業の経理部に勤務。カクテルに興味をもち、バーで2年間アルバイトをする。

1996年——服部栄養専門学校調理師本科に入学。

1997年——卒業。同校を経営する学校法人服部学園に入社し、校長室・秘書課に5年勤務。日本茶アドバイザーの資格を取得。

2002年——退社。渡仏し、パリの語学学校に通う。デザインを学んでいた浅井俊介さんに出会う。

2003年——ル・コルドン・ブルー パリ校に通う。パティスリー「ル・トリョンフ」で研修。在仏日本人向けの菓子教室を定期的に開催。

2005年——一時帰国し、1年間のワーキングホリデービザを取得。再度渡仏し、パリで菓子のケータリングと卸の事業をはじめる。

2006年——マレ地区の完全予約制のレストランのシェフを約2年務める。

2008年——浅井さんと帰国し、結婚。浅井さんが設立したデザイン会社を手伝いながら、「フランス料理 ミクニナゴヤ」（愛知・名古屋）で働く。

2010年——（株）フードプログラムを設立。食品パッケージの制作や、食関連企業や飲食店のホームページの企画・制作・運営など食に特化したデザイン事業を東京で展開。全国の食の逸品を扱う通販事業も手がける。

2018年——テストキッチンの開設を考える。6月から半年間レコールバンタンに通い、バリスタの資格を取得。バイクで物件探しを開始。

2019年末——東京・東麻布や同・東銀座で物件を見つけるが、いずれも契約直前で白紙に。物件探しを続けながら、「東京豆漿生活」（東京・五反田）に1年勤務し、台湾の料理や菓子の製造を担う。

2020年4月——現物件を見つけ、3ヵ月のフリーレント付きで契約。

7月——内外装工事スタート。9月に竣工。

12月初め——2週間のテストオープンを経て、2021年1月にオープン。

東京メトロ小伝馬町駅から徒歩約3分。店舗は白を基調にしたシンプルなつくりだ。ガラス張りの厨房で小山さんが立ち働く様子が見える。客層は近隣の会社員や住民が中心で、女性が約9割。

"カジュアル"をコンセプトに、おやつにも最適な菓子を提供。シュークリームやプリン、ガトーショコラなどの生菓子は完売する。焼き菓子はフィナンシェやサブレ、メレンゲなど。客単価は約1700円。

物件を取得。店舗デザインは浅井さんが行い、2週間のテストオープンを経て、21年1月に開業を果たした。

商品は、パリで培った技術を詰め込んだシュークリームやマカロン、シューケットなど約30品と、ラ・マルゾッコ社のエスプレッソマシンで淹れるカフェラテなどドリンク7品。家庭と両立させながら、ていねいな商品づくりをしたいと、営業日は週3日に絞った。「目標よりはやく開業の夢が叶い、毎日奔走中。お客さまの気持ちに寄り添いながら、商品数も増やしていきたいです」と小山さんは話している。

DATA

スタッフ数	2～3人
商品構成	スイーツ約30品、ドリンク7品
店舗規模	15.7坪・5席
1日平均客数	非公開
客単価	1700円
売上目標	月商150万円
営業時間	12時～19時、土曜 ～17時（※時短営業中。詳細はホームページに掲載）
定休日	日～水曜

バニラビーンズたっぷりのクレーム・ディプロマットを隙間なく絞り入れた「シュークリーム」（460円）は連日完売の人気商品。フランス菓子に合うように調整したオリジナルブレンド豆を使うコーヒーなど計7品あるドリンクは、テイクアウトカップで提供する。

夫婦２人のこだわりを詰め込んだ店づくり。
２週間のテストオープンを実施し、満を持してオープンしました

オーナーシェフの小山弘美さんは、1974年茨城県生まれ。調理師専門学校勤務を経て渡仏。パリの製菓学校を卒業後、ケータリング業などを展開。完全予約制レストランのシェフを２年務めたのち、夫の浅井俊介さんと帰国し、食×デザインの会社を設立。

ある日のタイムテーブル

7：00	小山さん、浅井さん、アルバイトスタッフ出勤。小山さんは当日ぶんの菓子を製造。浅井さんとアルバイトスタッフは、清掃や菓子の陳列、ドリンク類などの準備
12：00	開店／厨房では、売れ行きを見ながら菓子の仕込み、焼成を行う。ホールスタッフは、接客や、ドリンクをつくりながら厨房作業をサポート
13：00	交代で休憩（1時間）をとる
15：30	翌日ぶんの菓子の仕込みを行う
18：45	商品・物品の在庫チェック
19：00	閉店／片付け・清掃
19：15	アルバイトスタッフと浅井さんが帰宅。小山さん休憩（30分）
19：45	翌日、翌々日ぶんの菓子の仕込み。片付け・清掃
21：00	小山さん帰宅

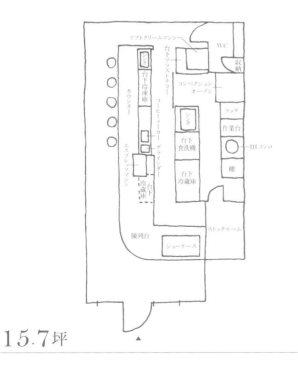

15.7坪

開業投資額

2825万円

物件取得費	125万円
内外装工事費	1000万円
厨房設備費	1500万円
什器・備品費	100万円
運転資金	100万円

大きなガラス窓を多用して
開放的な雰囲気をつくる

真っ白な大理石の
カウンターが高級感を演出

床材や作業台の高さを検討して
作業中の体への負担を軽減

奥行のある物件のため、間口をできるだけ広くとり、大きなガラス扉を設けて、自然光が入る明るい空間に。天井板を取り払って床から高さ約340cm（厨房のみ約280cm）にし、厨房はガラス張りにして店内を広く見せている。

内外装は、商品の色が映えるように白を基調にした。白は小山さんのイメージカラーでもある。客席と陳列台を兼ねたカウンターは、高級感のある真っ白な大理石をセレクト。長さは690cmで陳列部分の奥行きは120cm。

厨房は4坪。力仕事も多い製菓作業は体への負担が大きいため、クッション性のある床材を選び、椅子に座って作業できる高さに設定した作業台を導入。機器類の配置換えにも対応しやすいように、コンセントを多めに設けた。

取引先の人柄も
決断の決め手に

とくに希望者の多い物件では、不動産会社や大家さんに無碍に扱われる経験もしました。今の物件は、1人体制だと大きすぎると思いますが、夫婦2人体制に切り替えたことと、不動産会社の(株)プロスパートの方やお菓子好きの大家さんの人柄にもひかれて契約しました。また、施工会社(株)M&Partnersも良心的でした。自分と合う価値観や考え方をもった方とのお付き合いが大切だと実感しました。

支援制度を調べ、
専門家や先輩に
助言を求める

開業を決めてからは、開業支援制度を徹底的に調べ、専門家や先に独立開業した先輩方にも意見を伺いました。「商店街起業・承継支援事業」や国の支援制度「ものづくり補助金」にも応募。一部の機材の搬入時期を補助事業の規定に合わせる必要があったため、厨房が使えなくて試作できない時期もありましたし、採択されなかった制度もありましたが、挑戦してよかったです。

テストオープンで
商品構成を熟考

立地特性や客層、顧客ニーズを把握するため、すでに家賃は発生していましたが、2週間のテストオープンを実施しました。コーヒーのみ販売し、PR活動も兼ねて試作したお菓子を無料で提供。お客さまの要望を聞いて商品開発につなげました。他事業があって、資金に余裕があったからできたことですが、テストオープンを実施したことで、オープン前に修正点も見つかり、新型コロナ対策も充分にできました。

宣伝ゼロでも
SNSのおかげで
順調に集客

コロナ禍での開業で大々的な宣伝ができず、時短営業や少ない商品数でのスタートでしたが、SNSなどで当店の情報が拡散。行列ができ、生菓子は夕方には完売するように。こんな時期なので、型を決めず、状況を見ながら店づくりをしていきたい。予想以上の反響で製造量も増えているので、冷蔵庫の増設を検討中です。今後は、ソフトクリームを使う新商品も考えています。

菓子屋 ヌック

"東京のすみっこ"で隠れ家のような店を開業。
ウィズコロナ時代を見据えて通販も開始

小料理店だった物件を居抜きで取得。内外装は、配色を少なくしてシンプルなデザインに。スコットランド語の「NOOK」が意味する「居心地のよい隠れ家のような空間」をめざした。

京成金町駅から徒歩約8分。下町らしい情緒がただよう東京・金町の住宅街の一角にひっそりとたたずむ「菓子屋 ヌック」は、2021年1月にオープンした焼き菓子専門店だ。「店名のヌック（NOOK）は、スコットランド語の建築用語で『居心地のよい、隠れ家のような場所』という意味。東京のすみっこでやるからぴったりだなと思って」と話すのは、オーナーの野﨑敦志さん。店名の通り、15坪の店舗は落ち着きのある雰囲気を醸し、カウンターにはレモンケーキなど約25品の焼き菓子が並ぶ。30代〜40代の主婦層を中心にクチコミで評判が広がっているという。

金町生まれの野﨑さんは、パティスリー「スイート・サンクチュアリー・イソ」（東京・東向島、現在閉店）で焼き菓子の製造を任されたのち、「レストラン ルーク」（同・築地）でウェディングケーキの製造や皿盛りデザートを担当した。「独立を決意し、店のコンセプトを考えているときに、ふとショーケースにずらりと焼き菓子が並んでいる小さな店もいいなと思ったんです」と野﨑さん。19年2月に物件を探しはじめ、12月に東金町の物件をおさえて、具体的な準備に取りかかろうとした矢先、20年4月に新型コロナウイルスによる緊急事態宣言が発令。思うように準備が進まず、4月末にすべてを白紙に戻し、5月からひとまず兄の建築関連会社を手伝うことにしたという。

コロナ禍のなかで開業準備を進める

「兄の会社を手伝っている期間も、いずれかならず開業するつもりで、塗料やタイルのサンプルを職人に見せてもらい、内装の費用を見積もるなど開業に向けてできることを探しました。菓子の試作を何度もできたし、インテリアや包材を探す時間の余裕もあり、結果的にはよかったです」。そして、20年9月に物件探しを再開。翌月に閉店予定の小料理店の現物件に出合い、11月1

開業までの歩み

2007年——日本菓子専門学校卒業。東京・森下のパティスリー「ロワゾ・ブリュ」に入社し、1年半修業。

2008年——同・東向島「スイート・サンクチュアリー・イソ」に6年勤務。

2014年——同・築地「レストラン ルーク」に入社。デザート担当として、コースのデザートやウェディングケーキを製造。16年ごろに、葛飾区の創業希望者向けのセミナーに参加する。

2019年2月——開業の決意が固まり、物件探しを開始。区の保健所を訪れ、開業までの手順やスケジュールについてのアドバイスを受ける。

2019年12月〜——レストランを退職。アルバイトをしながら開業準備をはじめる。東金町の物件をおさえ、内装業者との打合せを進めるが、新型コロナウイルスが流行しはじめて、本契約を待ってもらう。

2020年4月末〜——緊急事態宣言が延長。先行きがわからず、契約予定の物件を白紙に。開業準備もいったん中断し、兄が営む建築関連会社で手伝いをはじめる。

6月——自宅で菓子の試作を開始。インテリアや包装資材も探す。

9月——物件探しを再スタート。

10月——現物件に出合う。

11月——物件契約。11月中旬に解体をスタート。設計・施工は（株）ケンズに依頼。

12月下旬——厨房設備を設置するが、コロナ禍で資材の輸入が止まり、看板やカウンターまわりは未完成のまま新年を迎える。

2021年1月——店舗で商品の試作をスタート。15日に工事が完了。16日に保健所の検査を受け、手洗い用洗剤の容器の固定や換気扇の網戸など、保健所から指摘を受けた箇所を改善。18日に営業許可が下りる。25日にオープン。

焼き菓子の製造は敦志さん、接客は妻の里美さんが行う。厨房は完全オープンにして、開放感を創出。圧迫感が出ないように吊り棚の高さも配慮した。

壁のベニヤ板はあえて横向きに貼り、板の質感を生かして塗装した。床は空間が広く見えるように大きなサイズのタイルを選択。テーブルやライトはアンティークショップ「パイングレイン」で購入した。

日に契約。内外装は兄が経営する(株)ケンズに依頼し、11月中旬から工事がスタートした。

「毎日現場に通い、ベニヤ板の向きや壁の質感など細部までイメージを伝えて、塗装は自分も手伝いました」と野﨑さん。年末には厨房機器が入り、それからオープンまでの約1ヵ月は試作に没頭した。「コロナ禍で先行きが不透明だからこそ、はやめに動いて情報を集め、こまめに関係者と話し合うことが大切だと思いました。不安な状況はまだ続くと思うので、通販もはじめました」と、想定外の事態にも臨機応変に対応している。

DATA

スタッフ数	2人
商品構成	焼き菓子約25品、サンドイッチ4品、ドリンク8品
店舗規模	15坪
1日平均客数	平日30組、休日50組
客単価	非公開
売上目標	未設定
営業時間	10時～19時
定休日	火曜、不定休あり

ドゥミ・セックは約10品、フール・セックは個包装で約15品をラインアップ。砂糖不使用の全粒粉クッキーやアレルギー対応のクッキーなども提供。定期的に焼き菓子の種類を増やしている。

コロナ禍による開業延期を必要な準備期間ととらえ、試作に注力。
細部まで妥協せず、理想通りの店をつくりました

ある日のタイムテーブル

8:30	敦志さん出勤。サンドイッチの仕込み、エスプレッソマシンの調整、ショーケースに菓子を並べる
9:30	里美さん出勤。店内の掃除、個包装の焼き菓子を補充
10:00	開店／接客をしながら、焼き菓子の焼成・仕込みを行う
13:00	昼食
14:00	里美さん帰宅
19:00	閉店／片付け、仕込み、事務作業
23:00	敦志さん帰宅

オーナーの野﨑敦志さんは、1986年東京都生まれ。東京・森下のパティスリー「ロワゾ・ブリュ」、同・東向島「スイート・サンクチュアリー・イソ」(現在閉店)、同・築地「レストラン ルーク」に勤務したのち、2021年1月に独立開業。

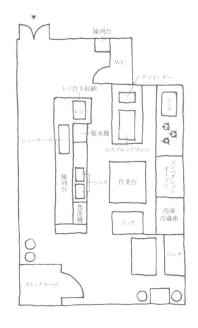

15坪

開 業 投 資 額

1460万円

物件取得費	120万円
内外装工事費	540万円
厨房設備費	420万円
什器・備品費	130万円
運転資金	250万円

エスプレッソマシンは
デザイン性も重視

ストックルーム内には
可能な限りの棚を設置

収納力のある棚を自作して、
レジ下の空間を生かす

レジの後ろに置いたエスプレッソマシンは、お客の目にもとまるので、デザイン性の高いシネッソ社の「S200」を導入。コーヒー豆はオンラインショップ「BASE」などで販売を行う自家焙煎店「フェルトコーヒー」から仕入れる。

包材や材料は約2.5坪のストックルームに収納。ストックルーム内の空いたスペースには、可能な限り棚を取り付けた。オープンキッチンには包材を置かず、店内がなるべくシンプルできれいに見えるように心がけている。

レジの下の棚には、レジ袋や釣銭箱といった、レジまわりで使用頻度の高いものや、電話やWi-Fiなどの機器を収納。無駄な空間ができないように、事前に置きたいもののサイズを測ってから棚をつくった。

オープン日を
定休日の前日に

オープン日は定休日前日の月曜に設定しました。コロナ禍の緊急事態宣言下だったこともあり、大々的な宣伝はせずにインスタグラムだけで開店を告知。客数が読めず、どれだけ忙しくなるのか見当もつきませんでしたが、品切れしても翌日の定休日に仕込む時間をしっかりとれるとわかっていたので、気持ちに余裕ができました。

厨房機器の
購入に際しては
価格交渉をするべき

おもな厨房機器は2社に見積もりをとったあと、保健所とのやりとりにも慣れている㈱フジマックに依頼。冷凍冷蔵庫と製氷機は大和冷機工業㈱のリースでそろえました。予算だけでなく、機械のサイズや機能なども細かく相談すると投資額を抑えられることもあります。厨房機器の導入は、複数の業者の製品を比較検討できるくらい時間に余裕をもって進めるといいと思います。

開業時の厨房機器は
導入希望の
70〜80％に抑える

「開業前に厨房機器を完璧にそろえても、開業後にほとんど使わないことがある」と厨房機器業者の方からアドバイスされ、迷ったものは導入しないことに。前職で使っていて、ほしいと思っていた、アイスクリームマシンやブラストチラー、シーターやショックフリーザーなどの導入を見送り、商品の売れ行きを見てから購入を検討することにしました。

保健所には
こまめに連絡を

保健所の許可なしでは営業ができないので、工事終了時期がわかった段階で保健所に連絡し、工事終了予定の翌日に来てもらえるように調整しました。点検の結果、手洗い用洗剤の容器の固定が必要で、換気扇にも不備があることが発覚。予想していなかった指摘で、保健所への連絡が遅ければ予定していたオープン日に間に合わなかったかもしれません。余裕をもって連絡しておいてよかったです。

ベイクドアップ
キョウコ

開業はこれまでの仕事の集大成。
"日常のおやつ"として
焼きたての菓子を提供する

JR中央線武蔵境駅から徒歩約15分。目の前の道路を挟んで玉川上水が流れる閑静な住宅街に立地。外装は、住宅街に溶け込むような色使いを意識。気候のよい時期は窓を開放して営業する。

一戸建てが並ぶ閑静な東京・武蔵野の住宅街に、2022年3月にオープンした「ベイクドアップキョウコ」。レストランのデザート開発や菓子教室の運営などを経験してきた一見恭子さんが手がける焼き菓子専門店だ。「これまでの集大成となるお店を考えたときに、シンプルで"また食べたくなる"お菓子を提供できる場所をつくりたいと思ったのです」と一見さん。ちょうど自宅の引っ越しを考えていたタイミングでもあり、JR中央線沿線で玉川上水に面し、緑に恵まれた現在の場所が気に入り、土地を購入。自宅の一部を店舗とし、1年後の開業をめざして準備を進めていった。

パン屋のような菓子店に

コンセプトは「気どらない、ふだん使いのお菓子を売るお店」。「近所の方が頻繁に買いに来てくれるお店にしたい」と、パン屋のようにつくりたての商品がずらりと並ぶ店内をイメージし、対面販売に。また、計画当初はイートインを設けることは想定していなかったが、30年来の付き合いのある飲食企業のオーナーから「お客さまとのコミュニケーションが生まれて、お店も繁盛するから絶対にイートインはあったほうがいい」とアドバイスを受けてつくることにした。製造と販売、イートインをまわすには2〜3人体制がベストだと考え、厨房は3人が働きやすい動線を考慮して設計。開業前に3回保健所に行き、気になる点は相談した。また、信頼できる設計事務所との出合いもあって、大きなトラブルもなく開業を迎えられたという。
　商品は、1枚180円のショートブレッドなど、焼き菓子を中心

開業までの歩み

1996年——大手食品加工会社での商品開発職を経て、製菓を学ぶべく渡英。ル・コルドン・ブルー ロンドン校、ナショナル・ベーカリースクールにて洋菓子と製パンを学ぶ。その後、ウェストミンスター大学のシェフ養成コースでパティスリーシェフディプロマを取得。

1999年——帰国。カフェやホテルのデザートメニューの開発を担当。

2003年——渡仏。パリのエコール・リッツ・エスコフィエでパティスリーディプロマを取得。ブーランジュリー、ヴィエノワズリーコースで製パンも学ぶ。

2005年——帰国。「マンゴツリー東京」(東京・丸の内)、「シンガポール・シーフード・リパブリック」をはじめとするレストランやホテル、ゲストハウスのメニュー開発・指導を担当(15年間)。同時に都内2ヵ所で菓子教室を運営。

2020年——これまでの仕事の集大成として、"また食べたくなる"菓子を提供する場として開業を決意。店舗営業が可能な一戸建てまたは土地を探しはじめる。

2021年4月——東京・武蔵境に土地を購入。桜の時期に開業したいと考え、約1年後の2022年3月の開業をめざして開業準備を進める。

2022年2月——店舗部分の内外装工事が完了。

3月——オープン。

「気どらない、ふだん使いのお菓子を売る店」がコンセプト。焼き上げた菓子は、厨房と売り場を仕切るカウンターに並べて対面販売。

天井は直天井にして、空間を広くとった。厨房と売り場の間には壁を設けず、一体感を演出。お客の目にふれる厨房機器は、デザインも重視して選んだ。

とする約10品と、ドリンク7品。発酵バターや、岩手県産のブランド卵など厳選した素材を使い、香り豊かな菓子を追求している。看板商品は、同店のロゴでもあるリンゴ（紅玉）を使ったアップルパイ「ブールドロ」（1100〜1200円）。リンゴを丸ごとパイ生地で包んで焼く北フランスの郷土菓子で、かつて一見さんがメニュー監修を務めたゲストハウスで評判がよかったことから商品化を決意。販売期間は、紅玉の採れる秋から春先まで。もっともおいしい"焼きたて"の状態で提供するため、毎週日曜限定で、焼き上がり時間を告知して販売する。ブールドロのファンは多く、秋の発売を待ちわびるお客も少なくないという。

カウンターに並ぶのは、スコーンやショートブレッド、タルト、パウンドケーキなど約10品。紙に包んだりガラスの容器に入れたりしてカウンターに並べ、手づくり感のある雰囲気を演出する。

DATA

スタッフ数	常時2人（オーナー1人、アルバイト2人）
商品構成	焼き菓子約10品、ドリンク7品
店舗規模	7坪（厨房5坪、売り場2坪・4席）＋ウッドデッキ1坪
1日平均客数	30人
客単価	1250円
売上目標	月商80万円
営業時間	11時〜18時（売りきれ次第閉店）
定休日	月・火曜

コンセプトは、「気どらない、ふだん使いのお菓子を売るお店」。
近所の方が頻繁に買いに来てくれるお店にしたいです

オーナーの一見恭子さんは、1964年宮城県生まれ。大手食品会社を退職後、イギリスとフランスで製菓・製パンを学ぶ。帰国後、レストランのデザート監修や菓子教室の運営を経て、2022年3月に開業。

ある日のタイムテーブル

10：00	出勤。スタッフと手分けして商品の仕上げ・陳列を行う
11：00	開店／接客やイートインのドリンクの準備をし、看板商品のアップルパイを仕込む。スタッフはそのほかの焼き菓子の仕込みをしながら接客
12：30	スタッフ休憩（1時間）
12：45	アップルパイをオーブンに。焼き上がりの時間をインスタグラムに投稿、店頭の黒板にも記入
13：15	アップルパイ焼き上がり
14：00	40分休憩をとり、昼食
15：00	スタッフ帰宅。交代で別のスタッフが出勤。接客をしながら焼き菓子の仕込みを続ける
17：00	パイ生地の仕込み。ウーバーイーツに載せる新セット商品の写真を撮影
18：00	閉店／スタッフが帰宅したあと、片付け・清掃、コールドドリンクの仕込み、レジ締め
18：45	帰宅

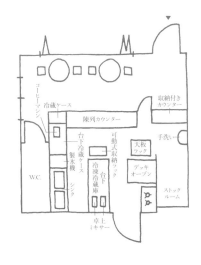

7坪

開業投資額

1065万円
（物件取得費を除く）

物件取得費	非公開 （自宅含むため）
内外装工事費	870万円
厨房設備費	120万円
什器・備品費	25万円
運転資金	50万円

カウンターとの一体感を考慮して
保冷庫はつくり付けに

店内を狭くしてでも
ウッドデッキを設置

小型デッキオーブン2台で
製造をスムーズに

焼き菓子陳列台の上に既成の冷蔵ショーケースを置くと見た目に一体感が出ないため、オリジナルの保冷庫を作成。台の下に付けた引き出しに強力な保冷剤を入れ、パンチングトレー越しに菓子に冷気があたるようにした。

店前の桜の木を眺めながら菓子を食べてもらえるように、入口の脇にウッドデッキを設置。自転車での来店も多いため、店舗の横に駐輪スペースを設けるほか、ペットのリード用フックも付けるなど、近所の人が来店しやすい店づくりを実践。

温度帯の異なる菓子を同時進行で焼けるよう、小型のデッキオーブンを2台導入。厨房内の動きの妨げにならないように、扉の開閉の向きを特注で右開きに変更した。また、「狭いけど天板ラックはあるとほんとうに便利」と一見さん。

ちょっと後悔

正解でした

気に入っています

うまくいきました

収納場所をもっと
確保すればよかった

陳列スペースと
収納のバランスを考慮

タイルや食器で
家庭的な温かみを演出

限られたスペースでも
イートイン席を用意

オーブンの裏側は、天井が斜めになっている関係でデッドスペースになってしまっていたので、商品の在庫や資材を置くストックルームとして活用。収納場所としては充分な広さを確保したつもりでしたが、いざ営業してみると思ったよりも狭くて……。少人数で接客と製造も担っているため、ある程度商品の在庫をもっておかなければならないとわかりました。もう少し広いスペースがあればよかったなと思っています。

焼き菓子がいっぱい並んでいる売り場にしたかったので、カウンターの奥行は50cmと充分なスペースを確保。また、主客層は女性なので、商品カウンターは低いほうが売りやすいという飲食企業オーナーのアドバイスがありましたが、棚裏の包材収納スペースを確保するため、両方の妥協点ギリギリの1mの高さに。厨房内の台下冷凍冷蔵庫もこのカウンターに高さをそろえることですっきりとした見た目になりました。

店内は、家庭のキッチンに入ってきたような雰囲気にしたいと考え、厨房の壁をタイル張りに。「小さいタイルを使ったほうが、目が細かくなり、不均一性が出て温かみのある空間になる」という飲食企業オーナーの助言を受けて、小さな白のタイルを使いました。厨房の雰囲気に合わせ、マグカップやケーキスタンドは、ポルトガルの食器ブランド「コスタ・ノバ」で統一。ぽってりとした温かみのある形がしっくりなじんでいます。

店内のイートイン席は、ほかのお客さまが商品を見ていても邪魔にならずに座れるスペースを確保し、そこから厨房の広さを算出。椅子とテーブルはコンパクトさを優先しつつ、デザインの異なるものを置いて空間のアクセントとしました。配管の関係で厨房の床を底上げしたため、お客さまを見下ろすかたちになることを心配していたのですが、イートインのお客さまからは「目線が合わないのでリラックスできる」と好評でした。

ふくふく焼菓子店

間借り販売でファンを増やし、
同一区内で開業。
おやつ需要を狙った素朴な焼き菓子が並ぶ

天井の暖色光だけでは店内が暗かったため、陶器のタイルを貼った陳列台の下面と、菓子の真上に「IKEA」のLEDライトを取り付けて、菓子を美しく見せている。オリジナルのフクロウのキーホルダーなども販売する。

東京・中野区の落ち着いた住宅街に店を構える「ふくふく焼菓子店」。「忙しい人に、家庭でつくるような手づくりの、ぬくもりのあるお菓子を届けたい」と話すのは、オーナーの山口夏実さん。働き方に悩んでいた会社員時代に菓子づくりをはじめ、中野区のカフェでの間借り営業や、(一社)中野区観光協会が運営するキッチンカーでの販売などで着実にファンを得て、2021年6月に実店舗の開業へと至った。

「間借り営業をはじめて2年ほど経ったころから月の売上げが安定しはじめ、月10万円くらいの家賃であれば支払えるとわかった時点で、お店をもちたいと思うようになりました」。キッチンカーでの販売時に出会った飲食店経営者の人脈を生かして、開業のノウハウを学びつつ、都内の焼き菓子店をまわって自店のイメージを膨らませた。「実店舗を構えるのは大変だろうなと漠然と考えていたけれど、意外と週2〜3日営業でも人気の焼き菓子店が多くて。つくる日と売る日を分けてやれば、1人でも自分のペースで無理なくできそうだと思いました」とふり返る。

自宅からも近く、既存の顧客も通いやすい中野区を中心に物件を探し、見つけたのが築54年・もとカレー専門店の居抜き物件。開業資金は自己資金の160万円以内と上限を決めていたため、1ヵ月の工事期間は毎日現場に通い、資材の購入や壁のパテ塗りなどを手伝った。

年齢性別問わず、誰もが入りやすい店構えに

内外装は菓子のコンセプトに合わせて、性別や年齢を問わず、誰もが入りやすいナチュラルなデザインに。通行人の目にとまるよう、オリジナルのフクロウのイラストを描いた自作の看板を店前に吊るした。

開業までの歩み

2016年〜——水産系の4年制大学を卒業後、製菓工場に勤務。2018年に退職し、自宅で焼き菓子づくりに専念する。

2019年9月——「716cafe」(東京・高円寺)の一角を借りて、「ふくふく焼菓子店」の屋号で月1〜2回程度、焼き菓子の販売をはじめる。

2020年1月——新型コロナウイルス感染拡大の影響で、地域住民を中心に客数が増える。間借り営業を月4回に増やす。

6月——中野区観光協会に営業をかけ、同協会が運営する弁当販売を中心としたキッチンカーの一角に販売スペースを設けてもらい、週5日、焼き菓子を卸す。徐々に知名度が上がる。

9月——間借り販売の場を716cafeから、当時休業していた「ティールーム・オレンジペコ」(同・高円寺)に変えて、週3日、焼き菓子を販売するようになる。イートインスペースでコーヒーや紅茶などの提供もはじめる。同店で月1回の頻度で製菓教室も開催。

2021年2月——イートイン営業をはじめたことで常連客がつき、仕込み量が増加。売上目標を数ヵ月間、継続的にクリアしていたため、実店舗の開業を決意。中野区を中心に物件を探しはじめる。

3月中旬——現物件を契約。

5月——内外装工事スタート。

6月——工事が終了し、厨房機器を搬入。試作を開始。26日にオープン。

オーナー
山口夏実さん

もとカレー専門店だった物件を改装して焼き菓子専門店に。店舗はわずか5.7坪。2人入ればいっぱいの狭い売り場なので、混雑時は入口の横の出窓から商品を渡すようにしている。

週3日の営業日は、朝の8時30分からマフィンなど約6品を焼成し、焼きたてを提供する。個包装の焼き菓子は約9品をラインアップ。厨房の売り場から見える部分はものを減らしてすっきりとさせた。

「開業前は女性客が多いと予想していましたが、シンプルな店構えも影響してか、お客さまの男女比は半々。会社員の方が帰り道に1、2個自分用で買ってくださることも多いです。この近隣にはパティスリーや焼き菓子店がないので、手づくりの甘いものを食べたいと思ったときに寄ってもらえるのかも」と山口さん。「夏場は昼間のお客さまが少ないことがわかり、営業時間を20時まで延ばすなど、まだまだ手探りでの運営です。新型コロナウイルスの影響もあって、先行きが不透明な時代だからこそ、まずは3年続けることが目標です」と話す。

DATA

スタッフ数	1人
商品構成	焼き菓子15品、コンフィチュール4品
店舗規模	5.7坪（厨房2坪、売り場0.7坪、3坪の2階は物置として使用）
1日平均客数	30組
客単価	1000円
売上目標	月商50万円
営業時間	12時〜18時
定休日	月・火・水・金曜

陳列台には季節のフルーツを使った焼き菓子が15品並ぶ。取材時の7月の限定商品は「ルバーブとプラムのトレイベイク」（400円）など。定番商品の、ビクトリアサンドイッチケーキ、フクロウ型のクッキーも人気。

週3〜4日の営業にして、定休日を仕込みにあてれば1人でもやれるかなと。
忙しい人に、手づくりの、ぬくもりのあるお菓子を届けたい

オーナーの山口夏実さんは、1993年東京都生まれ。大学を卒業後、製菓工場に勤務。2018年に退職し、自宅で菓子づくりをはじめる。19年、カフェを間借りして「ふくふく焼菓子店」の屋号で焼き菓子の販売を開始。キッチンカーでの販売や製菓教室の開催などを経て、21年6月に実店舗を開業。

ある日のタイムテーブル

営業日

8:00	出勤。タルト、マフィン、スコーンなど当日売りきる焼き菓子の製造・焼成
11:00	焼き上げた菓子をカット・陳列。店内を掃除し、インスタライブにて商品を紹介
12:00	開店／店番を母親に託し、休憩
13:30	仕込みなどをしながら接客
16:00	SNSに在庫状況を投稿
17:30	当日売りきる菓子を個包装する。片付け・清掃
18:00	閉店／翌日の在庫などの確認
18:40	帰宅

仕込みの日

9:00	出勤／パウンドケーキなど日持ちのする焼き菓子の製造・焼成
13:00	スコーンなどの仕込み
14:00	休憩
15:30	仕込みの続き、パウンドケーキのカット・包装
19:00	片付け・清掃、翌日の在庫などの確認
20:00	帰宅

※右図の売り場、厨房は計2.7坪。2階に3坪のストックスペースがある。

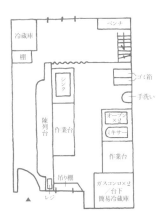

5.7坪

開業投資額

160万円

物件取得費	35万円
内外装工事費	100万円（電気工事を含む）
厨房設備・備品費	25万円

商品の受け渡しができる 出窓を設置

1坪にも満たない売り場は、2人入れればいっぱいに。混雑時は、店内で会計を行い、出窓から商品を手渡すことでお客の流れをスムーズにしている。窓の下にはちょっとした荷物を置けるカウンターを設置した。

アコーディオンカーテンは 清掃可能なパネル式

東京・中野区では厨房と売り場を仕切る扉の設置義務があるが、腰の高さの扉はNG。開き戸だと場所をとるため、アコーディオンカーテンに。拭き取り清掃ができるパネル式であれば保健所の基準を満たすという。

壁付けの棚は 高さを変えられる仕様に

焼き上がった菓子を冷ますためにオーブンの上に設置した棚は、木製棚板用ブラケットを取り付けた自作。収納物の大きさが変わっても活用できるよう、段の高さを変えられるようにした。

よかったです

立地は、歩行者信号と バス停の位置に着目

最寄駅から徒歩15分ですが、バス停からは徒歩1分。店の前に歩行者用信号があり、バスが赤信号で停まった際に乗客の目にとまりやすいと考えました。さらに、100m先には大きなスーパーがあるため終日人通りが多く、ターゲットとしている30代〜40代の主婦層の集客が狙えます。スーパーの利用客が赤信号で立ち止まった際に当店を気にかけてくれて、後日来店してくれることも少なくありません。

想定外でした

粉が陳列台に舞うので 作業場所を分けた

1人で製造・接客をするため、営業中の動線は極力短くしたくて、厨房の小さな物件を選びました。もともと付いていたカウンターを陳列台にすれば、焼き上がった菓子を並べやすいし、お客さまの来店時に製造を一時ストップして商品を取ったりする際も便利かなと思ったんです。しかし、ふるった粉類が商品にかかるのは誤算でした。試作の段階で気付き、急遽、後方にも作業スペースをつくることになりました。

大変でした

築54年の居抜き物件は トラブルが多かった

家賃が10万円以下と破格だった5.7坪の一軒家は、工事してみると予想外のことがたくさん。建物がゆがんでいて、新しいドアをはめ込んだら隙間ができたり……。換気扇にも油がびっしり付いていて、掃除するのもひと苦労でした。さらに、用途不明の配管や電気コードが複数あることが発覚。水道工事中、邪魔でしたが、業者からも安易にさわられないと敬遠され、それはそのままにしています……。

想像以上でした

週3日営業でも 1人体制だと意外とハード

間借り営業の経験も踏まえ、開業当初は週4日営業にして、休日は日持ちのする菓子の製造にあてました。ですが、最初の1ヵ月は当日ぶんが2〜3時間で完売する日が続き、日持ちする菓子の販売数が増えて在庫が不足。製造に追われる日々が続いて体力も限界となり、やむを得ず週3日営業に変更。それでも営業日は仕込みと接客でつねに気の休まるときがなく、1人で店をまわすことの難しさを痛感しています。

ヤミー ベイク

素材にこだわる焼き菓子を販売。
店のオリジナルキャラをつくって
お客の心をつかむ

左側にあるガラス窓は両開きで、外からでもドリンクを購入することができる。また、左側のグレーの壁には犬のリードをかけるためのフックを設置。散歩途中でも気軽に立ち寄れるようにした。

JR茅ヶ崎駅から徒歩約20分、マンションなどが立ち並ぶ通りにある「ヤミー ベイク」は、2021年10月に池田 穂さん・唯さん夫妻がオープンした焼き菓子専門店だ。東京に比べ茅ヶ崎市には焼き菓子専門店が少ないことと、製造は唯さん1人で行うことに決めていたことから、メインの商材を焼き菓子に絞り込んで開業することにした。1人で製造できる品数を想定し、それに必要な厨房機器をリストアップ。それら厨房機器がすべて入り、夫婦2人で営業するのにちょうどよい広さと考えた10〜12坪を条件として物件を探した。

　また、自宅近くのエリアということも条件の一つだった。「実際、包材などがなくなってもすぐに自宅に取りに行けるので便利です」と穂さんは話す。これらの条件をクリアした現物件は、施工会社に内見に立ち会ってもらった。もと飲食店で電圧が200Vかつグリストラップが設置されており、追加工事が不要であることなどを確認してもらい、安心して契約を進めることができたという。

　店頭には焼き菓子13〜15品、生菓子5〜6品が並んでいる。「シンプルで素材の味を生かしたお菓子をつくっています」と話すのは唯さん。卵は神奈川・井上養鶏場の平飼い有精卵「さがみっこ」を使い、フルーツはみずから足を運んで契約した長野県の農家などから仕入れる。「農家の人と直に話し、土地の様子を見学すると、栽培の苦労やこだわりを肌で感じることができる。日々の製造をより頑張ろうと思えます」と唯さんは言う。

オープン前からSNSで店の情報を発信

「コロナ禍での開業だったので、チラシの配布なども行いませんでした。お客さまに当店を知ってもらえるのか心配でしたね」と

開業までの歩み（唯さん）

2003年——エコール・キュリネール国立（現エコール辻 東京）に入学。

2005年——卒業後、「パテスリーロンシャン」（千葉・君津、現在閉店）に入社。パティシエとして働く。

2009年——（株）ベルグの4月（神奈川・横浜）に入社し、パティシエとして勤務。

2015年——デルレイ・ジャパン（株）に入社し、チョコレート専門店「デルレイ」（当時東京・表参道、現在同・銀座）に勤務したのち、レストラン「アムール」（同・広尾）に異動し、パティシエとして勤務。

2016年〜——マーサーオフィス（株）に入社。シフォンケーキ専門店のカフェ「マーサー ビス」（同・恵比寿）でパティシエとして勤務。穂さんとの結婚（2019年）を機に、鎌倉店に異動。

2020年2月——マーサー ビス鎌倉店が新型コロナウイルスの流行により閉店したことをきっかけに退社。

4月——当時会社員だった夫・穂さんとともに開業することを決意。

8月〜——開業準備中も働きたいと考え、開業の意思を伝えたうえで、山一商事（株）に入社し、パティシエとして働く。茅ヶ崎市の自宅から近く、JR茅ヶ崎駅から徒歩20分ほど離れた落ち着いたエリアで10〜12坪の物件に絞って探す。

9月——インスタグラムを見たり、実際に足を運んだりして内装が気になる菓子店やカフェをいくつかピックアップ。その内装を担当していた施工会社の（株）埴生の宿の鈴木一史氏に依頼。

10月——商工会議所に通いはじめ、事業計画書などの書き方のアドバイスをもらう。

2021年2月〜——現物件を内見し、3月に契約。契約の際にはオーナーと交渉し、最初の1.5ヵ月間はフリーレントにしてもらう。

4月——銀行と日本政策金融公庫から融資を受ける手続きを行う。内外装の設計がはじまる。

7月〜——融資が下り、7月20日に内外装工事がスタート。7月に穂さんが、8月に唯さんが勤務先を退職。

9月——工事が完了。

10月——3日〜5日にプレオープン、7日にグランドオープン。

大きな窓から自然光が入る、明るい店内。白い壁は
自分たちで塗装し、内装費を抑えた。厨房は、買
い物客にも作業の様子が見えるよう、ガラス張りに。
厨房の窓枠は、子どもも見やすい高さにしている。

生菓子は5〜6品で、月に1〜2品新作を用意。小
さめの冷蔵ショーケースは見映えがよくなるよう、カ
ウンターに埋め込む形で設置した。焼き菓子の隣で
は、同店オリジナルキャラクター「おかっぴー」が刺
繍された帽子やTシャツを販売。

DATA

スタッフ数	2人
商品構成	焼き菓子13〜15品、生菓子5〜6品、ドリンク4品
店舗規模	10.3坪（厨房4.1坪、売り場6.2坪）
1日平均客数	25〜30人
客単価	非公開
売上目標	未設定
営業時間	8時〜17時 ※6月〜8月は〜18時
定休日	水曜、不定休

穂さん。オープン前からインスタグラムのアカウントを開設し、工事の様子や試作品など店のコンセプトが伝わる内容を投稿したことで、徐々にフォロワー数が増えていき、現在はお客の約4割がインスタグラムをきっかけに来店するという。「今後は実店舗をメインにしながら、イベントや催事への出店などを増やしていき、より多くのお客さまに喜んでもらえる機会をつくりたいです」と夫妻は抱負を語る。

カウンターにはタルトやクッキーなど13〜15品の焼き菓子が並ぶ。人気の「ポップオーバー」（プレーン130円）は、注文後にオーブンで軽く焼き、カスタードクリームを詰めたもの（310円）や、夏期はアイスクリーム入りも販売する。

夫婦2人での営業にぴったりの10〜12坪の物件を探しました。
施工会社の方に内見に立ち会ってもらったので、安心して契約できました

唯さんは1983年長野県生まれ。製菓学校を卒業後、「ベルグの4月」(神奈川・横浜)や
「マーサー ビス」(東京・恵比寿)などでパティシエとして勤務したのち、会社員だった夫の
穂さんと一緒に2021年10月に独立開業。

ある日のタイムテーブル

6：00	出勤。唯さんは、当日ぶんの生菓子・焼き菓子の仕上げ・陳列。穂さんは、店内清掃、エスプレッソマシンの調整などの開店準備をしつつ、焼き菓子の仕上げや陳列を手伝う
8：00	開店／販売・ドリンク提供のかたわら、当日ぶんの菓子の仕上げ(10時ごろを目安に全商品陳列完了)。その後、翌日ぶんの菓子の仕込み
12：00	穂さん休憩(1時間)
13：00	唯さん休憩(1時間)
17：00	閉店／唯さんは仕込みの続きを行う。穂さんは売り場の片付け・清掃を終えたら、仕込みの手伝い
21：00	厨房の片付け・清掃、帰宅

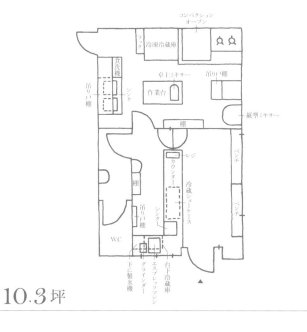

10.3坪

開業投資額

1480万円

物件取得費	100万円
内外装工事費	780万円
厨房設備費	280万円
什器・備品費	120万円
運転資金	200万円

収納力のある特注の
作業台で効率アップ

菓子づくりの様子が見える
ガラス張りの厨房

お客に包材が見えないよう
収納付きのベンチを設置

作業台は特注。ものを置けるように台の下に収納スペースを設け、いつも使う小物などを入れられるように引き出しも付けた。天板は御影石を使用。大理石よりも安価なうえ、固くて丈夫なので作業しやすいという。

厨房は、菓子づくりの様子を見ることができるよう、ガラス張りに。小さな子どものぞくことができるように、床から窓枠までの壁の高さは約60cmにした。また、厨房が見えることで店内が実際よりも広く感じられ、開放感が生まれる。

お客の目線の高さに包材を置きたくないので、隠し収納スペースを用意。設計士が提案した約6人のお客が座れる長いベンチは、中が空洞で包材などを収納することができる。指をひっかけられる穴があいているため開けやすい。

正解でした

オリジナルキャラで
店を認知してもらう

オリジナルキャラクターとして「おかっぴー」をつくりました。茅ヶ崎市で有名な「えぼし岩」を頭にかぶったヒヨコで、友人のデザイナーにラフな落書き風のデザインを依頼。店のアイコンとして、開業当初から看板などに登場させています。キャラクター自体にファンもつきはじめたので、お客さまから要望があったキャラクターグッズの制作・販売もはじめました。お客さまと一緒に店を盛り上げるきっかけにもなります。

実感しました

希望の内装を明確にし、
施工会社を慎重に選択

好きな雰囲気の菓子店やカフェに足を運んだり、SNSでさまざまなお店の内装を見たりしてイメージを固めました。好みの内装のお店を担当していた設計・施工会社を調べ、たどり着いたのが㈱埴生の宿の鈴木一史さん。「木のぬくもりを感じられる温かみのある店」というイメージをかなえてくれたうえ、カウンターに穴をあけ、エアレジの配線を通してレジまわりをすっきりさせるなどの工夫も多く、大満足です。

やってよかった

SNSを活用して
品ぞろえをお客に伝える

毎朝インスタグラムのストーリーを使って、その日の商品ラインアップをお伝えしています。商品の補充は頻繁には行わないため、夕方には商品が少なくなってしまうことも。そのため、15時ごろにはショーケースの様子をストーリーに投稿。お客さまに無駄足を踏ませずにすみます。商品が残り少ないことに気づいて、DMで取り置きをお願いしてくださるお客さまも増え、売れ残りを防ぐこともできています。

想定外でした

大きな窓から入る朝日が
ショーケースを直撃!

売り場の東側に大きな窓を設けているので、朝日が冷蔵ショーケースを直撃。開店までにショーケースが温まってしまう事態が発生しました。そのため、毎朝1時間ほどはショーケースに布をかぶせて、光を遮断するようにしています。ガラス窓が多く開放感のある店内の雰囲気は気に入っているのですが、まさかこのような弊害があるとは思ってもみませんでした。窓にブラインドを付けることを検討しています。

おやつ屋 果林食堂

米粉、大豆、豆腐など
こだわりの素材でつくるマフィンを
手に取りやすい価格で提供

売り場は2〜3人のお客が入れる3坪程度。店内には小休憩できるベンチを配置した。雨が多い地域のため、入口の床に土間タイルを貼り、滑りにくくするといった工夫も。

2017年から関西のイベントや通販サイトを中心にグラノーラやマフィンを販売し、人気を得ていた「おやつ屋 果林食堂」の山口果林さんが、地元石川県に拠点を移し、金沢駅からバスで15分ほどの住宅街に実店舗を構えた。山口さんがつくるのは、小麦粉や乳製品を使わず、米粉や大豆、豆腐、雑穀など、日本人が伝統的に食べてきた食材をおもに使った、"親しみのある味の体にやさしい焼き菓子"。「ていねいにつくられた農作物やオーガニック食材でつくるお菓子は、素材のおいしさが生きています。体によいものだからこそ、気軽に味わってほしい」と、看板商品のマフィンの価格帯は300〜330円に設定した。

気楽に立ち寄れる雰囲気の店に

店頭に並ぶ商品は、約10品のマフィンをはじめ、クッキーやパウンドケーキなどの焼き菓子が4品。そのほか、おむすびや季節のジャムなども販売する。どれも実家のある加賀市の農家がつくる食材をはじめ、できるだけ国産の素材を使うが、「食にこだわりのある人からそうでない人まで幅広い方に食べていただきたいので、素材のこだわりを前面に押し出してはいません。『おいしいから』という理由で選んでもらえたら」と話す。

内装は菓子のコンセプトに合わせ、ナチュラル感を意識。古道具やリネンを使い、ところどころに生花を飾って季節感と彩りを添えた。「新型コロナウイルス感染拡大や自然災害など、思いもよらないことが起きる時代。なるべく平穏な心もちで経営できるように身軽なお店づくりを心がけました」と山口さん。内外装工事においても、壁や床、電気、入口の扉などはそのまま活用し、新しく造作した棚は1〜2人で解体できるつくりにした。

開業までの歩み

2016年〜──ヨガのインストラクターをしていたが、食堂を営む母親の影響で、健康的な食事の重要性に対して関心をもつようになる。

2017〜2019年──関西の小さな工房にて、素材にこだわったグラノーラやマフィンづくりをはじめる。オーガニック食品を取り扱う青果店「ナチュラル マルシェ ハレバレ」（兵庫・尼崎）や、地域のイベント、通販サイトで販売する。

2020年1月──地元の石川・加賀に拠点を移す。母が営む食堂の厨房の一角を工房とし、マフィンをはじめとする焼き菓子を製造。ハンドメイド商品専門の通販サイト「minne（ミンネ）」を活用して販売する。

2021年春──金沢市内で自身の工房兼直売所をつくろうと、市街地を中心に物件探しをスタート。手ごろな価格で小規模の空き店舗が見つからず難航したが、レシピ開発を行ったり、内装を考えたりして、実店舗開業のモチベーションを維持。

8月──市街地からバスで15分程度の現物件を契約。内外装工事スタート。

9月──厨房機器を搬入し、まずは厨房のみを使用。通販事業などをメインに営業。

2022年1月後半──家具を搬入し、売り場が完成。

2月5日──オープン。

店内は、「野菜の直売所」をイメージ。リネンと木材を多用して、ぬくもりのある空間をつくり上げた。地元の食材やオーガニック製品など吟味した食材を使用してつくる焼き菓子が並ぶ。

「いちばん大切にしているのは、お客さまに喜んでもらうこと。お客さまが喜んでくれたことを続けていきたいです」。容器を持参したお客にはグラノーラなど小さなおやつをプレゼントしている。ほかにも、ジャムなどの空き瓶を持ち込んだお客には瓶代を支払い、リユースするなど、常連客や環境に配慮したサービスも行っている。

おむすびは1個100円。「とうもろこしおむすび」といった、季節野菜を使ったおむすびをはじめ、「青唐辛子みそおむすび」「玄米おむすび」など、日替わりで用意する。

小麦粉・乳製品不使用のマフィンは、ほうじ茶×黒豆甘納豆や、ユズ×ジンジャーなど、約10品を用意。ソイカスタードクリーム入りの「冷やして食べるクリームマフィン」(写真右下)は7月限定。

DATA

スタッフ数	1人
商品構成	マフィン約10品、焼き菓子4品、ジャム5品、おむすび2品
店舗規模	10坪(厨房4.5坪、売り場3坪、ストックルーム2.5坪)
1日平均客数	20〜40組
客単価	1500円
売上目標	月商38万円(店舗販売のみ)
営業時間	12時〜17時
定休日	不定休(※営業は、金・土曜)

マフィンのほかにも、個包装のクッキーやパウンドケーキなどの焼き菓子、自家製ジャムを種類豊富にそろえる。

学校帰りの子どもたちが小銭をもって買いに来てくれるような
駄菓子屋みたいなお店が理想です

オーナーの山口果林さんは石川県生まれ。ヨガのインストラクターを経て、2017年から「果林食堂」の屋号で関西にて活動を開始。素材にこだわったグラノーラやマフィンをつくり、通販や移動販売を行う。20年に地元にUターンし、22年2月に実店舗開業。

ある日のタイムテーブル

4:30	出勤。マフィンづくり。6時ごろに20分休憩（朝食）
11:30	開店準備
12:00	開店／1人で接客・販売を行う。客足を見ながら、14時ごろに休憩（昼食）
17:00	閉店／片付け
17:30	翌日の仕込み作業
18:30	店内の掃除、花の水換え
19:00	帰宅

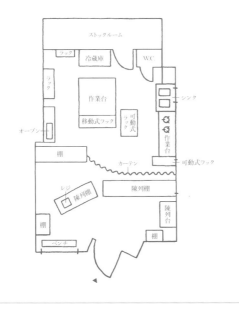

10坪

開業投資額

145万円

物件取得費	35万円
内外装工事費	30万円
厨房設備・什器・備品費	80万円

女性1〜2人で解体できる陳列棚を特注

什器は、女性1〜2人で動かせることを前提に選択。特注した棚は、背面（写真）の中央部分から2つに分離させて解体可能。作業台も「ディノス」で購入した軽いステンレス台を活用する。

ライトにリネンをかぶせて売り場に漏れる光量を調整

もとからあった照明はそのまま活用したが、昼光色で明るすぎたため、リネンをかぶせて調整。さらに、陳列棚の裏側（厨房側）から電球色の小型ライトをあてて、おだやかな雰囲気の売り場にした。

什器や器具は厳選して少数に。余裕をもたせた配置で掃除を楽に

什器はあえて間隔をとって配したり、キャスター付きを選んで床との間に隙間をつくることで、掃除をしやすくした。ラックに何も置かないスペースを設けると、いつでも仮置きできて便利だという。

受注生産と見込み生産の2本柱で経営

実店舗を週2日営業としたのは、残りの日を通販用と委託販売用の製造にあてるため。通販で築いた全国のお客さまとのつながりを大切に継続しながら、新天地で活動することで、経済的にも精神的にも安定しました。活用する通販サイトは「minne（ミンネ）」。手数料がお手ごろで、出品の操作も簡単。食品を出品されている方はプロが多い印象で、サイト全体としての商品の品質も高いと感じています。

内外装にはお金をかけすぎない

いざというときのための資金を残しておきたかったこともあり、内外装はつくり込まず、妥協できるところはそのままに。壁や床、入口の扉などはそのまま活用し、仕切りの壁を増設する工事は行いませんでした。代わりに、売り場に置く家具や古道具、ライトはこだわって選んでいます。また、厨房の什器は家庭用の製品を意識して購入すると、万が一、使わなくなったときに別のものに買い替えやすいし、売りやすいです。

1人でできることには限界がある

開業当初は理想が膨らみ、焼き菓子の販売以外に、グラノーラの量り売りやドリンク提供にも挑戦しました。しかし、1人で接客し、焼き菓子の追加製造をしながら、それらも行うのは困難。お客さまを待たせることに罪悪感もあり、疲れを感じやすくなりました。いずれ営業に慣れたら再開したいという思いはありますが、今は焼き菓子の製造と販売に専念するほうが、自分にもお客さまにとっても最善だと感じています。

SNSは投稿する曜日を決めれば負担にならない

週2日営業なので、店前を通りがかったお客さまから「いつだったらやってるの？」というお声をいただいたこともありました。SNS投稿は得意ではありませんでしたが、営業日前日の木曜の夜に1回、翌日に販売する菓子の内容を記載した投稿をかならず行います。また、お客さまの年齢も幅広いので「ワイモバイル」で電話を契約。プランによっては月額2000〜3000円と安くすむので、おすすめです。

お金に関して気をつけるべきこと

独立開業においてお金の悩みはつきもの。ひと足先に店をもった先輩オーナーに、
これから店をもつ後輩オーナーに向けてアドバイスをいただきました。

Q
開業準備中、
お金に関して
どんなトラブルや
悩みがありましたか？

融資制度の条件はしっかり確認を

厨房機器を購入するとき、東京都葛飾区の融資制度では、支払いがすんだものは融資の対象外ということを知り、後払いで厨房機器を購入しなければならない状況に。融資の金額が確定していなかったため、厨房機器費を確実に支払えるかわからず、業者との交渉には苦戦しました。連絡をこまめにとって業者との信頼関係を築き、3分の1の金額を前払いすることでなんとか対応してもらいました。

菓子屋 ヌック［P.28］

理想的な物件だったので
空家賃を払ってでも取得

物件を契約をしたのは2020年3月末。当時はコロナが大流行していたので、少し様子を見てから契約したほうがいいと周りからは言われましたが、空家賃を払ってでも取得したいと思える理想的な物件でした。結果、契約直後に緊急事態宣言が発令され、オープンを延期。7ヵ月ぶんの空家賃を払いましたが、決して無駄な出費とは考えておりません。

プティ パルク［P.104］

予想外の出費で予算の見直しが必要に

内装費を大まかに計算していたため、150万円で収まるだろうと思っていたら実際は320万円に。なんとか270万円に抑え、運転資金にまわすつもりだった自己資金も減らしてあてたけれど、オープン当月も翌月も支払いできるか不安でしたね。インスタグラムや開業前のチラシ2000枚のポスティングなどの販促を強化して必死に集客しました。

菓子店 あまつひ［P.16］

在庫ぶんを含むワインの仕入れコストが予定よりも高く、50万円もかかってしまって。内外装工事の一部を自分で行う、オーブンの購入費用の3分の1をローンにする、冷蔵庫をリースにするなど、ほかで出費を抑えました。

チェスト船堀［P.84］

物件契約後は家賃が発生するため、すみやかに内装工事をはじめましたが、導入予定のコンベクションオーブンを使うには、約100万円もする換気容量の大きい換気扇に付け替える必要があることを、工事開始後に知りました。オープン2週間前に予算を全部見直して、消防設備の点検や内外装など自分でできることを洗い出しました。

フルミナ［P.112］

Q
開業するにあたって、
やっておくべき
お金に関する
準備はありますか？

金融機関や自治体の
支援・融資制度は要確認

資金調達や開業の流れを知っておこうと、葛飾区が開催していた無料の創業支援セミナーに参加しました。受講修了者には、登記の登録免許税の軽減や融資の信用保証料の本人負担が無料になる特典もあったため、参加してよかったと思っています。

菓子屋 ヌック[P.28]

日本政策金融公庫の開業相談会に2回参加し、事業計画を立てました。開業までの2〜3年間、事業計画書はつねにアップデート。具体的な数字で考えることによって、漠然としたお店のイメージも明確になりました。

プティ パルク[P.104]

国や地方自治体の支援制度や融資制度を調べることは大事だと思います。なかでも商店街向け補助金や女性向け起業支援は手厚いため、さまざまな制度を調べました。開業してからでは受けられない支援や融資もあるので、事前に調べて、活用できる制度はしっかりと活用すべきです。また、借入れしたい金融機関をある程度絞り、相談会やセミナーに参加することもおすすめです。ここでかけがえのない担当者に出会うこともあります。手厚い制度も少なくないので、各団体、金融機関に問い合わせてもよいでしょう。

ヒロミ アンド コ スイーツ アンド コーヒー[P.24]

機器や備品は、開業後、
様子を見ながらそろえる

オープン時は家庭用オーブンや台下冷凍冷蔵庫など、最低限の厨房設備でスタート。パフェをつくるようになって仕込みの量が増え、客数も増えた段階でアイスクリームマシンなど必要な機材を買い足しました。実際にやってみないとわからないことが多いため、あとから足す方法にしてよかったです。

スイートオリーブ金木犀茶店[P.132]

機器類や備品などは過不足のないようにそろえたくなりますが、営業をはじめると意外と不要だったというものが出てきます。プレオープン期間を長めに設けて、その期間に必要になったものを買いそろえると、無駄が出ないはず。でも、お店の印象を決める内装やインテリアなどは、開業前に熟慮し、お金をかけるところはかけたほうがいいと思います。

フルミナ[P.112]

店用の口座やクレジットカードが
あると事務作業がスムーズ

お店用の口座を用意して、水道光熱費などもそこからの引き落としにしました。あとは、お店用のクレジットカードをつくっておくと、帳簿付けも楽になります。カバンに2つポーチを入れておいて、1つはクレジットのレシート、もう1つは現金で支払ったレシートと、買い物した時点ですぐに仕分けしておくと、経理のときにスムーズです。

モッカ[P.64]

少額ずつでも貯蓄を

保険会社に勤める以前の職場の先輩からアドバイスを受け、20代から少額ですが、積立型の保険に加入し、お金を貯めていました。融資を受ける際は信用が大切。この保険が信用してもらえる一つの要素になり、やっておいてよかったです。

グルファ[P.88]

会社員時代から積立てをし、その後アパレル業で起業。成功してある程度稼げるようになってからも、ずっと倹約をして貯金してきました。集客が悪くても、2年は耐えられるお金はあると考えられたので、心に余裕をもてました。

ノヴァ 珈琲と焼菓子[P.124]

オレオ
¥240（税込）
ベルギー産ホワイトチョコに自家製ブラックココアクッキーをのせました。クッキーのザクザク食感も楽しめる新食感ドーナツです。

シナモン
¥210（税込み）
スパイスのきいたシナモンドーナツです。

チョコアーモンド
¥240（税込み）
ベルギー産のチョコレートを使用しています。

黒糖まっちゃ
¥270（税込）
抹茶チョコでコーティングし自家製黒糖クランブルクッキーを飾りました。濃厚な抹茶チョコと香ばしい黒糖クッキーのドーナツです。

旭の目玉
¥290（税込）
自家製カスタードクリームと、
甘さ控えめホイップクリームを合わせた
ホイップカスタードドーナツです。
とろ〜りクリームと
ふんわり生地の組み合わせ最高です！

セサミ
¥240
優しい甘さのはちみつの上に
朝一で煎った香り高い黒胡麻を
トッピングしました。
アクセントに塩をひとつまみ。

小さなスイーツショップ、ベーカリー＆サンドイッチ専門店

プロパー
イングリーディエンツ

体にやさしいアイスクリームと焼き菓子を販売。
SNSでのファンづくりにも注力する、
目的客も多い郊外店舗

交通量が多い大通り沿いにある3階建てビルの1階。店の前には手づくりしたベンチと小さな看板を配置。看板は以前ここに入っていた雑貨店にあった古木を利用して、神頭さんがイラストを描いた。ベンチは厨房の棚板をはずし、再利用。

JR姫路駅から車で約10分、周囲にはアパートや一軒家が立ち並ぶ場所に、2022年4月にオープンしたアイスクリームと焼き菓子の専門店「プロパーイングリーディエンツ」。駅から離れた立地のため、お客の約半数は近所の住民。残りがSNSで知った目的客で、遠方からの来店も少なくない。オーナーの神頭侑子さんは、姫路市にある「カフェ ラ ダダ」での週5日の勤務時代、同店の焼き菓子の卸先だった雑貨店のオーナーから「閉店するからこの物件に入らないか」とすすめられ、開業を決意した。

子ども好みの味わいも用意

アイスクリームや焼き菓子には、無農薬栽培の旬の果物やキビ糖など、吟味した素材を使用。"体にやさしいお菓子"が身上だ。農家直送サイトである「食べチョク」や「ポケットマルシェ」なども利用し、素材を調達。また、「子どもの心をつかむと、家族で来てくれやすい」と、アイスクリームは子どもも食べやすいマイルドな味もかならず用意している。

　居抜きで入った物件は、もとは全体的に白色で無機質な雰囲気だったが、白色を生かしつつナチュラルでやさしいイメージに変更。焼き菓子を置く棚や椅子は木製を選び、植物を至るところに配置した。また、収納場所が少ないため、素材のストックは必要最小限にとどめ、なくなればこまめに注文し、余った材料もアレンジして使いきる。たとえば、マンゴーアイスクリームに使ったマンゴーの残りは、練乳を合わせて新たなフレーバーに仕立てるなど。シーズンごとに少量のスポット商品が生まれることで、常連客の楽しみにもつながっているという。

開業までの歩み

2005年〜——高校在学中に京都市で立ち寄ったカフェの雰囲気に魅了されて以来、カフェ巡りに熱中する。

2008年——高校卒業後、レコールバンタンのカフェオーナーコースを専攻し、2年後に卒業。

2010年——姫路駅の近くにある喫茶店「カフェ ラ ダダ」でアルバイトをはじめる。接客ののち、厨房での調理を担当。フランス料理の有名店のシェフであった、同店の社長がつくる焼き菓子のおいしさに驚き、独学で焼き菓子をつくりはじめる。それを機に焼き菓子製造を任され、店頭や卸で販売することに。その後、アイスクリームにも興味をもち、同店が営業終了したあとに店を借り、19時〜22時の間、夜のアイスクリーム店として、アイスクリームやパフェを提供する喫茶営業もはじめる（現在休業中）。

2021年6月——焼き菓子の卸先だった雑貨店のオーナーから、「年内に閉店するので物件を引き継いで自分の店をやってみないか」と言われる。好みの内装だったのでここしかないと思い、独立開業を決意する。ただ、自分がカフェ ラ ダダを退職すると焼き菓子を製造する人がいなくなること、同店でより成長したいという思い、なにより自身がこの店を好きだという理由から、同店勤務と掛けもちして自店を営むことを決める。

12月——食品衛生責任者の資格を取得する。月末に雑貨店は閉店。

2022年3月——物件を契約。内装やレイアウトはそのまま使うことにし、雑貨店のオーナーの夫が営む工務店に依頼して、換気扇と給湯器を取り付けてもらう。また、ガスオーブンに届くようにガス管の工事を実施。家具や什器の搬入を行う。

4月——21日にオープン。金・土・日曜、祝日の週3〜4営業に。定休日は、2日間をカフェ ラ ダダでのアルバイト勤務にあて、残りの1日は仕込みの日、1日は休みとしている。

オーナー
神頭侑子さん

12坪の店内は白一辺倒の無機質な空間にならない
よう、あちこちにグリーンを配置。厨房機器や備品
は「プロ厨房ヒット」などの専門店をチェックし、中
古品から美品を掘り出した。

現在の営業日は週3日。カフェ ラ ダダ勤務は継続している。「正直、お手伝いをするかどうか迷いましたが、ダダで働くと刺激を受けるので、成長できるし、なにより私自身ダダが好きなんです」と神頭さん。今でもアルバイトとして週2日手伝いに行っているそう。「当店は今は3日しか営業していませんが、かえって特別感が出て、目的客の増加につながっているようで、よかったかなと思います」と語る。しばらくは週3日営業を続けつつ、天気などに売上げが左右されないECサイトでの焼き菓子の販売も行い、売上げを安定させていきたいと話している。

焼き菓子はクッキーなど10〜12品を提供。当日の
朝に焼き、その日のうちに売りきるイメージで計80
〜120個を製造。つくりたての菓子を提供すること
が、ロスの軽減にもつながる。

DATA

スタッフ数	常時1〜2人(オーナー1人、アルバイト1人)
商品構成	アイスクリーム6〜7品、焼き菓子 10〜12品、ドリンク3品
店舗規模	12坪(厨房4坪、売り場8坪・17席)
1日平均客数	30人
客単価	2500円
売上目標	月商96万円
営業時間	12時〜18時
定休日	月〜木曜

アイスクリームに使用する自家製コーンは、バター不使用。ザクザクとした食感で、食べ
ごたえがある。右は「麹のバニラ」と「奄美大島の無農薬すもも」、左はコーヒーの香りを
移した牛乳がベースの「ホワイトコーヒー」(シングルコーン880円、ダブルコーン970円、シン
グルカップ500円、ダブルカップ720円)。

無農薬栽培の旬の野菜やキビ糖などを使用して
「体にやさしいお菓子」をつくっています

オーナーの神頭侑子さんは、1987年兵庫県生まれ。レコールバンタンのカフェオーナーコースを卒業後、「カフェ ラ ダダ」(兵庫・姫路)で14年経験を積み、焼き菓子やアイスクリーム製造の技術を身につける。2022年4月に独立開業。

ある日のタイムテーブル

5：00	出勤。焼き菓子の焼成。オーブンが1台しかないので要領よく作業する
9：00	焼き菓子の包装・陳列
10：00	焼き菓子を焼きながら、店内の掃除、観葉植物の水やり
11：00	スコーンなどは、なるべく焼きたてを提供できるよう、開店間際に焼く
12：00	開店／アルバイトスタッフ出勤。神頭さんは売れ行きを見ながら、接客の合間に焼き菓子を追加焼成。並行して明日の仕込みを行う
14：00	タイミングを見て、昼食・休憩
17：00	アルバイトスタッフ帰宅。事務作業
18：00	閉店／帰宅

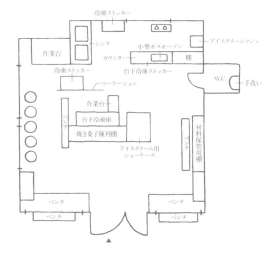

12坪

開業投資額
299万円

物件取得費	8万円
厨房設備費	182万円
排気・給湯・ガス管工事費	55万円
什器・備品費	34万円
運転資金	20万円

こだわりの素材は
売り場の棚に並べて見せる

黒板を飾り、シンプルな空間に
にぎやかさをプラス

棚板をはずし、
冷凍ストッカー置き場に

岡山県の雑貨店「アクシス ナイーフ」で購入した棚に材料を保管。オーガニックの小麦粉など、材料のこだわりを訴求できるようにお客に見せるかたちで収納。小さな厨房に収納せずにすみ、食材の安全性もお客に伝えられて一石二鳥。

もともと現物件の内装は、壁は白塗りで床はコンクリート打ちっぱなしという全体的にシンプルな印象。この内装にはとくに手を加えず、商品に使う素材名を書いた黒板を飾ることで、飲食店らしい雰囲気やにぎやかさをプラスしたという。

もともとあったつくり付けの棚をDIYでアレンジ。冷凍ストッカーを置くスペースがなかったため、棚板を取りはずした空間に収納。また、冷凍ストッカーにはキャリーを付けて、前後に出し入れできるようにした。

工夫しました

想定外でした

自分らしさを追求

正解でした

インスタグラムの写真で
ファンを増やす

開業前に行っていたイベント出店や夜のアイスクリーム屋時代から投稿する写真にはこだわっています。写真と実物が乖離しすぎないようにしつつ、華やかなイメージになるよう、寄りで撮影。文章は自分の人柄がなるべくわかるようなものに。誰かと話している感覚で言葉をつづり、お客さまとの間に壁をつくらないようにしています。お客さまの約半数がインスタグラムで知ってくれた方で、SNSの効果を感じています。

郊外立地ゆえ、
ほとんど目的客。
客数は天気に左右される

駅から車で約10分と郊外にあるため、お客さまの約半数は目的客です。そのため客数が安定しにくい一面があります。また、暑い時季はアイスクリームが売れると思っていたのですが、急に気温が上がった7月頭はお客さまの数が激減。暑いとそもそも家から出ないことに気づきました。これからはオンラインで焼き菓子を販売し、立地や天気に左右されない経営をしていきたいです。

出費を抑え、
自己資金のみで開業

お金を借りると、返済への焦りが先行してしまい、私の性格上、自分の好きなものを楽しんで売ろうという気持になれないと思ったんです。なので、お金は借りずに、自己資金だけではじめることにしました。節約するために、もとの雑貨店のつくりはほとんど変えず、工事費を抑えました。また、厨房機器も「テンポスドットコム」や「プロ厨房ヒット」などのセール品や中古品を探して、経費削減に努めました。

什器は必要最小限に。
自由なスペースを確保

開業に際しては、機材や売り場の棚など、必要最小限のものしかそろえませんでした。ものを極力増やさないと最初から決めていたため、その後もあまり買い足すことはありません。広めの店内のわりにものが少ないので、たとえば今後カフェスペースをつくりたくなったときは、机を買って空いている場所に置くだけでOK。ほぼ1人で営業するからこそ、労力をかけることなく、いつでも簡単に変更できるようにしておきたいです。

ラトリエ ア マ ファソン

パティシエがつくる独創的なデザートが人気。
来店人数や注文の仕方にルールを設け、
独自の世界観を確立

30年以上続いた豆腐店の跡地に開業。通りに面して大きなガラス窓を設け、店内奥まで自然光が届くようにした。壁際の席は、マホガニー材をメインにした英国調。窓枠は、節のある木材を塗装せずに用いて味のある雰囲気に。

芸術的なパフェで人気を博した「カフェ中野屋」（東京・町田）で14年シェフを務めた森 郁磨さんが、新たな仲間を迎えて2019年12月に開業した「ラトリエ ア マ ファソン」。フランス語で「アトリエ」と「私の流儀」を意味する店名には、「自分たちのやり方で、創造し続ける場所」という思いが込められている。

「独立開業は計画的なものではなく、『カフェ中野屋』の退職で急に現実的になった」と森さん。前職では、店の人気が高まるにつれ、お客の目的がパフェを食べることよりも、行列ができる店に行くという経験や、SNSで話題のメニューを撮影する、という部分に重きがおかれ、口惜しい思いをしていたという。そこで自身の店では、これまでできなかったことを全部やろうと、好きなものを詰め込むことに。「ジャニス・ウォン」（同・新宿、現在閉店）でスーシェフを務めていた田中俊大さんをエグゼクティブシェフパティシエに、菓子製造や販売経験のある薗部宏紀さんをディレクターとして迎え、開業を実現させた。

物件の決め手は「光」。器も空間の大事な要素

物件選びでもっとも重視したのは「光」。というのも、カフェ中野屋では、パフェの写真をきれいに撮るために窓際の席が空くまで待つお客も多く、そのことが客席の回転率を下げていたため、物件選びでは方角や周囲に高い建物がないかもチェック。「店内の奥まで自然光が届くようにして、どの席に座っても写真がきれいに撮れるようにしました」。

内装は具体的にイメージが固まっていたため、デザイナーは入れずに、親戚に紹介された業者に依頼。参考になる写真を見せながら材質や色などを細かく指定し、私物のアンティーク家具なども取り入れて理想の空間に仕上げていった。また、器も空

開業までの歩み

1998年──ホテルニューオータニに6年勤務。おもに洋食部門を担当。

2004年〜──うどんとパフェを看板商品にした「カフェ中野屋」にて、独創的なパフェを次々と開発。行列の絶えない人気店となる。

2018年11月──持病の腰の手術のため入院し、3ヵ月間休職。

2019年2月──カフェ中野屋を退職し、独立のため物件探しをスタート。東急東横線沿線の横浜寄りのエリアを中心に探す。

7月──契約が決まりかけていた横浜の物件が直前で白紙になり、エリアを拡大して物件探しを再開。

8月──現物件に出合い、即決。

11月──内外装工事スタート。

12月──4日間のプレオープン期間を設け、15日に正式オープン。店の空気感を大事にしたいと考え、予約不可、注文はパフェ1品につきドリンク1品、入店は1組につき2人まで、などの条件を設ける。

2020年4月──新型コロナウイルスの影響で、4月22日〜5月6日まで休業。テイクアウト商品をつくり、焼き菓子の通販も開始。

11月──地下の仕込み用厨房の熱気を解消すべく、新しく冷凍冷蔵庫を導入。

1組1〜2人の来客を想定し、カウンター席を多めに用意。コーヒーのドリッパーは、デジタルスケールが見えないように特注の木製ケースでおおうなど、細部にも世界観を損なわない工夫がなされている。

写真左から、薗部さん、田中さん、森さん、パティシエの星さんと武田さん。森さんはアイデアを出すデザイナーで、パティシエはそれを感性で仕立てるパタンナー、という間柄だそう。

DATA

スタッフ数	社員4人、アルバイトスタッフ7人
商品構成	パフェ11〜13品、ドリンク（コーヒー8品、紅茶16品、オリジナルドリンク18品、アルコール4品）、テイクアウト2〜3品
店舗規模	19坪（仕上げ用厨房4坪、地下の仕込み用厨房5坪、カフェスペース10坪・20席）
1日平均客数	60人
客単価	4500円
売上目標	日商15万円
営業時間	10時15分〜15時ごろ
定休日	不定休

間の大事な要素ととらえ、陶芸家・伊藤剛俊氏の作品などを並べるギャラリー的なスペースを設け、その陳列台の位置を軸に客席のレイアウトを決めた。

さらに、小さな店ならではの世界観を大事にしたいと考え、来店人数や注文に関しての細かなルールを設けることに。客単価をある程度上げることで、お客からより熱量をもって向き合ってもらえる店になったという。開業からこれまでに開発したデザートは70品以上。森さんの斬新なアイデアと、田中さんのパティシエとしての技術、薗部さんがつくる独創的なドリンクなど多彩な要素が合わさって、独自の世界観を生み出している。

「苺とジャスミンのTrompe-l'œil "トロンプルイユ" 2021」（3520円）。テーマは"だまし絵"。ジャスミンのガナッシュやパルフェの上に、イチゴに見立てたゼリーなど多彩なパーツを盛り込む。

バタフライピーなどのブレンドティーと、牛乳、エチオピア産の豆で淹れるアイスコーヒーを重ねた「花の匂ひ、夕闇に落つ」（715円）。ドリンクは遊び心のあるネーミングを意識している。

看板商品のパフェがつくりやすい環境を整備しました。
客席は、お客目線で、居心地のよさを追求しています

ある日のタイムテーブル

9:00	出勤。開店準備
10:00	食材の買い出し
10:15	開店／基本的に閉店まで地下の厨房でグラスデザートを制作
15:00	閉店／片付けをしながら賄いを仕込む
16:00	スタッフ全員で食事。約1時間休憩
17:00	片付け、仕込み、試作や買い出し
18:00	清掃、食材の発注作業
19:00	帰宅

オーナーの森 郁磨さんは、1978年東京都生まれ。ホテルニューオータニで6年間、洋食調理を担当したのち、老舗和菓子店が立ち上げた「カフェ中野屋」(東京・町田)で14年シェフを務める。2019年12月に独立開業。

※右図のカフェスペース・仕上げ用厨房は計14坪。地下に5坪の仕込み用厨房がある。

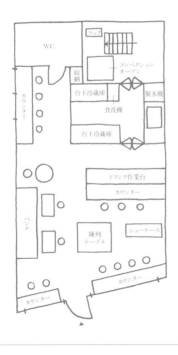

19坪

開業投資額

3000万円
(開業後の設備投資540万円も含む)

物件取得費	324万円
内外装工事費	970万円
厨房設備費	500万円
什器・備品費	300万円
地下の冷凍冷蔵庫など	250万円 (工事費込み)
その他、特注品など	116万円

客席ごとに雰囲気を変え、異なる空間を楽しんでもらう

内装工事は最低限に。コストを抑えて抜け感を演出

引き出し式の冷蔵庫で食材管理をスムーズに

1人客のために、店内奥にもカウンター席を用意。手前の壁はグレーだが、奥は白色に塗り分け、インテリアも白が基調のフレンチテイストに。席ごとに異なる雰囲気が感じられる、いつ来ても新鮮な気持ちにさせる空間をつくり上げた。

内装工事の際、厨房と客席を仕切る壁と天井の間に隙間が生じたが、あえてその隙間を埋めずに工事費を抑え、植物などを飾るスペースとして活用。開放感のある空間づくりにつながっている。

パフェはパーツが多いため、取り出しやすいよう、値は張るが引き出し式の冷蔵庫を導入。扉の開閉が最小限ですむため食材の保存性が高まり、またパフェの種類ごとに引き出しを分けることで在庫管理も容易になった。

最低限の工事で最大の客席を確保

内装工事では、「なぜこの工事が必要か」を細かく確認し、不要な工事をカットしてコストを抑えました。当初の計画では入口が端にあり、カウンターは5席の予定でしたが、壁側にデッドスペースが生じてしまうため、入口を中央にしてその両端にカウンター席を設けることで、客席を1席増やすことができました。また、奥のカウンターも客席を最大限確保できるように、トイレの位置を動かしました。

パフェを仕込む厨房を独立

前職のうどんとパフェの店「カフェ中野屋」では、とにかく厨房が暑くて作業が大変だったので、パフェの仕込みをする場所は、20℃以下の室温を保てるコールドルームとして地下に独立させました。仕上げ用厨房はホールとコミュニケーションをとりやすいよう1階に配置し、スライド式の窓を設けています。また、コンベクションオーブンは厨房と壁を隔てた場所に置き、熱が厨房に伝わらないようにしました。

来店に際してのルールをSNSや店頭で告知

パフェをきちんと楽しんでもらえるように、来店時のルールを設け、SNSや店頭で告知しました。予約は受け付けず、来店順(混雑時は記帳順)にご案内。入店は1組2人までで、中学生以下とペットは不可。1人につき、"1パフェ1ドリンク"の注文をお願いしています。客単価をある程度高めに設定したことでマナー意識の高いお客さまが自然と集まり、理想とする雰囲気に近づきました。

冷蔵庫からの放熱で地下に熱気がこもる

物件を下見した際、夏なのに地下の部屋が涼しかったので、仕込み用厨房にしようと台下冷蔵庫を何台か設置。しかし、開業してみると、冷蔵庫からの放熱で逆に暑くなってしまい、新たに地下室に合った冷凍冷蔵庫を購入することに。工事費を含めかなり費用がかかり、台下冷蔵庫は知人に譲ることにしたので、もったいない出費でした。

ミニマル

自転車販売からはじまったワッフル専門店。洋食店の居抜き物件で独立開業

阪急茨木市駅から徒歩約10分、JR茨木駅から徒歩約13分。2駅の間にあり神社の裏道という場所だが、じつは車も人もよく通る好立地。もと洋食店だけあって、ファサードのレンガの外壁がレトロでかわいらしい。

阪急茨木市駅から徒歩約10分。地元住民に愛される茨木神社にほど近い住宅街の一角に2022年4月にオープンした「ミニマル」は、青野幸美さんが1人で営むワッフルとコーヒーを主力とするカフェだ。このメニュー構成は、同店の前身が移動販売式"自転車カフェ"だったことに起因する。

青野さんはもと会社員だったが「好きなことを仕事にしたい」と考えてカフェ開業を決意。家賃5万円前後の狭小物件を探すもなかなか見つからず、屋台付きの自転車「カーゴバイク」を25万円で購入し、20年1月に「自転車カフェ ミニマル」を開業した。ワッフルは、その際にハンディーな商品として選び、シロップをかけなくてもおいしい生地を研究した自信作だ。商用のシェアキッチンでつくって自転車に積み込み、コーヒーはカフェスクールで学んだハンドドリップコーヒーを保温機能付きポットに落とす。この体制で自宅前や近隣のマルシェなどで営業を重ね、経験を積みながら1年半ほど物件を探し、ようやく現在の居抜き物件が見つかったのは21年10月だった。

できる限りDIYで費用を削減

店づくりでは、「なるべくお金をかけず、自分の手と足を使いました」と青野さん。内装工事は水まわりや床、クロス貼りなど最小限に抑えて、できる限りDIYで仕上げた。家具、照明器具、備品類も業者を通さず自分で店に行って購入。自転車カフェのショーケース、調理器具、包材などをそのまま使ったため、初期投資額は227万円に収まった。2階は6.2坪の物置で、1階のカフェスペースは厨房も合わせて5坪6席。窓からも販売したところ、テイクアウト利用が伸びて、現在イートインとテイクアウトの売上構成比はほぼ同割。営業時は事前に焼き上げたワッフルを温めるだけなので、ワッフルサンドなどのツーオーダー商品を追加

“自転車カフェ”の営業を経て、実店舗を開業した青野さん。2人の子どもを育てながら、カフェ開業を実現させた。

客席は6席で、テーブル席のほかカウンター席も設けている。

しても1人で無理なく営めるという。

2児の母でもある青野さん。週4日で、営業時間も11時〜16時と短くしているが、常連客も増えてきているそう。「少しずつできることをやっていきたい」と話している。

ワッフルは「チョコチップ」や「メープル＆アーモンド」など4品（400〜450円）。シロップなどをかけずに食べる甘めの生地は、自転車カフェ時代に開発した。ワッフルサンド（450〜650円）は砂糖を減らした生地を焼いておき、注文を受けてから具材を挟んで提供する。

DATA

スタッフ数	1人
商品構成	ワッフル・ワッフルサンド 8〜9品、ドリンク4品
店舗規模	11.2坪（厨房1坪、カフェスペース4坪・6席、2階6.2坪）
1日平均客数	非公開
客単価	900円
売上目標	未設定
営業時間	11時〜16時（15時30分L.O.）
定休日	日・月・火曜、不定休

大ぶりな「プレーンワッフル」（400円）は、リッチな生地にワッフルシュガーをちらして焼き上げる。「ドリップコーヒー」（450円）のコーヒー豆は、大阪・高槻の「マウンテンコーヒー」から仕入れている。

もと洋食店の居抜き物件を最大限に活用してコストを削減。
カウンターの天板は手づくり、ドアや窓の桟も自分で塗りました

オーナーの青野幸美さんは、1981年奈良県生まれ。短大卒業後、電子部品メーカーに入社し、海外営業アシスタントとして6年勤務。結婚を機に退職。カフェの開業を志して短期のカフェスクールを受講し、2020年1月に「自転車カフェ ミニマル」を開業。22年4月に実店舗をオープン。

ある日のタイムテーブル

9:30	出勤。ワッフルを焼く(生地は前日に仕込む)
10:30	店内清掃、開店準備
11:00	開店／接客(コーヒーを淹れる、注文に応じてワッフルを温めるなど。テイクアウトの場合はワッフルを持ち帰り用の袋に入れる)。接客の合間にワッフルの生地を仕込む
16:00	閉店／片付け・清掃
17:00	帰宅

※右図は1階のカフェスペースで、厨房も合わせて5坪。2階に6.2坪の物置がある。

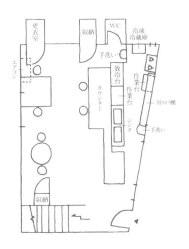

5坪

開業投資額
227万円

物件取得費	27万円
内装工事費	100万円
DIY材料費	50万円
什器・備品費	50万円

冷蔵庫は「無印良品」。家庭用でも充分

お客の要望から、窓越しのテイクアウト販売を開始

店内は至るところハンドメイド。DIYで費用を抑える

高価な業務用冷蔵庫を買う前に、「無印良品」で157Lの冷凍冷蔵庫を購入。製氷機も買わず製氷皿でつくる氷とロックアイスを併用してみたところ、どちらも問題なく足りた。毎日こまめに仕入れる必要はあるが大幅に節約できた。

ドア横の窓から直接厨房に声をかけてテイクアウト利用ができるよう、窓にメニュー表を貼った。きっかけは知人から「中で待つのはカフェ利用のお客さんに気をつかう」と言われたこと。入店より気軽なせいか、テイクアウト利用客が増加。

ホームセンターに足繁く通い、できる限りDIYで改装。ドアや窓の桟を塗ったほか、カウンターの天板は夫がパイン材を磨いてニスを塗り、手づくりした。店内の装飾も気に入ったファブリック風壁紙をパネル貼りしたハンドメイド。

正解でした

想定外でした

よかったです

不安です

飲食店の居抜き物件で多くの設備がそのまま使えた!

物件は数十年営業していたもと洋品店。ご高齢で引退されるまで大事に使っておられました。湯沸かし器などの老朽化していた機器類は買い替えましたが、厨房のタイルなどは洋風でかわいらしいデザインだったので、そのままの状態に。厨房の吊り戸棚は、デザインが古いので悩んだのですが、つくりがしっかりしているし、新たにつくると高額だと聞いて、そのまま使用しています。

エアコンの風の向きがまさかの火口直撃!

2台あったエアコンのうち、天井埋め込み式の業務用が古かったのではずして家庭用の1台に絞ったところ、風が厨房のガス台にまっすぐ向かう角度でした。おかげでワッフルバンの上部が冷えてしまい、焼成時間が長くなってしまい……。ガス台もエアコンも動かせないし、風をさえぎることもできないし、かといって天井埋め込み式に替える資金はないし。今のところ、夏期は焼成に時間をかけるしかなさそうです。

階段下や2階など収納場所が多数

店内入口すぐの階段の下が広い収納場所になっていました。そこまでストックするものがないので今はスペースがかなり余っていますが、今後の商品開発やちょっとした改装にも余裕をもってできそう。収納が多くてよかったです。6.2坪の2階はエアコンが壊れていてすぐには使えないので、今はとりあえず物置にしています。いずれは改装して、ゆっくり本を読んでもらえるような空間にできたらいいな、と考えています。

北向きで吹き抜けアリ。冬は暖房器具が必要かも

開業してから、まだ冬期を経験していないので未知数です。物件が北向きなうえ、2階部分に吹き抜けがあるので、空調がしっかりきくのだろうかと心配です。エアコンが2009年製で少し古いせいもあり、夏のクーラーもなかなかきかず厳しいのですが、直射日光がささないぶんましです。冬は邪魔にならないサイズのストーブを買い足したり、お客さま用の膝掛けを用意したりといった対策が必要になるかもしれません。

モッカ (mocca)

いちばん好きな"ドーナツ"で独立開業！
店舗は"経験を積むための工房"をイメージ

看板は自作し、コストを削減。「実際に取り付けると店名が目立たなかったので、もう少し大きくすればよかったです」と木下さん。

京王線の西調布駅から徒歩約3分。一戸建てが並ぶ住宅街に店を構える「モッカ (mocca)」。オーナーの木下美樹さんは大のドーナツ好きで、大学生のときには「クリスピー・クリーム・ドーナツ」の日本1号店で、開業時からアルバイトスタッフとして勤務。幼稚園教諭を経て、「いちばん好きなドーナツ店で働きたい」と「ハリッツ」(東京・代々木上原)で6年経験を積み、独立開業を果たした。

店舗は3.7坪。自宅そばの不動産屋で見つけた物件だ。「自宅から近い狛江や調布で物件を探していました。ネットの情報もつねに見ていたけれど気に入る物件はないし、不動産屋さんにも『出たらすぐに決まっちゃうよ』と言われていたので、現物件は出合ってすぐに決めました。家賃が予算内だったことと、1人でできる規模だったのが決め手です」と木下さん。「経験を積むための工房と考えていたので、ドーナツがつくれる広さがあればいいかなと。卸をメインにして、週何回かは店頭販売をするイメージでした」と語る。

納得できるドーナツができるまで1ヵ月以上試作

施工は、木下さんの両親の知人の紹介で、地元の工務店に依頼。機材の配置や壁の塗装といった力仕事は、夫の拓哉さんが担当した。「すごく良心的な工務店で、低予算で引き受けてくれましたし、親身になって相談にのってくれたのもありがたかった。1人で開業準備を進めていると、つねに『自分が決めないと何も進まない』というプレッシャーがあるので、近くに相談できる人がいるのは心強かったです」と木下さん。背の高い木下さんに合わせて作業台を高く調整したり、棚をつくったりと、作業がしやすいように設計してくれたという。

商品はドーナツ約10品。「開業準備中にいちばん心配だった

オーナー
木下美樹さん

店舗は3.7坪と小規模のため、厨房を広く確保して売り場を出窓方式にすることも考えたが、「雨の日もあるし、店内に入って選びたいお客さまも多いはず」と、現在のレイアウトに。厨房は、通りからガラス窓越しに見えるようにするつもりだったが、机で事務作業している様子や休憩している様子も丸見えになってしまうため、カーテンで目隠ししている。

のは、おいしいドーナツをつくれるか。納得できるドーナツができなければお店を開けない覚悟で、オープン日はあえて決めませんでした」と木下さん。「生地をつくって発酵させ、揚げて食べる。1日に何回もできないので、試作に1ヵ月以上を費やしました」と言う。

オープン半年後には拓哉さんも前職を辞めて同店に入り、2人体制に。「1人で営業していたときは売りきれ仕舞いも多かったので、これからは製造量を増やして、ドリンクの提供や新商品の開発など、新しいことにも挑戦したい」と木下さんは意欲的だ。

DATA

スタッフ数	2人
商品構成	ドーナツ約10品
店舗規模	3.7坪
1日平均客数	50組
客単価	800円
売上目標	月商80万円
営業時間	11時〜18時（売りきれ次第閉店）
定休日	月・火曜

ドーナツは約10品を用意。一番人気の「シュガー」（200円）は、プレーンの生地に砂糖をまぶしたシンプルな味わいとふんわりとした食感が魅力。木下さんの実家で飼っている犬をモチーフにホワイトチョコレートでコーティングした「ショコラ」（280円）は、かわいらしい見た目で子どもからの人気も高い。

家具の大半はネットオークションやネットショップで購入。
厨房機器も家庭用製品を導入してコスト削減に努めました

オーナーの木下美樹さんは、1988年東京都生まれ。大学の教育学部を卒業後、幼稚園に勤務したのち、ドーナツ専門店「ハリッツ」（東京・代々木上原）に約6年勤務。自宅に近い狛江・調布エリアで物件を探し、2019年10月に独立開業。

ある日のタイムテーブル

7:00	美樹さん、拓哉さん出勤。当日ぶんのドーナツの製造をはじめる
11:00	開店／接客をしながらドーナツの製造を続ける。ロスが出ないよう、売れ行きを見ながら製造数を調整
15:00	ドーナツ製造終了。翌日ぶんの生地や具材の仕込み
18:00	閉店／レジ締め、片付け・清掃
19:00	美樹さん、拓哉さん帰宅

ミキサー／ホイロ／家庭用電気オーブンレンジ

シンク
棚
更衣用ロッカー
作業台
レジ台
冷蔵庫
ショーケース
机
棚

3.7坪

開業投資額
198万円

物件取得費	30万円
内外装工事費	40万円
厨房設備費	23万円
什器・備品費	5万円
運転資金	100万円

おもちゃ屋のレトロな
ショーケースを活用

家庭用の厨房機器を
導入してコスト削減

テイクアウト用の箱には
オリジナルのハンコを押印

家具の大半はネットオークションやネットショップで購入。背の低いショーケースはおもちゃ屋の中古、レジ台は子ども用の机を活用。商品を取る際は立て膝になる。トイレは店外の建物共有を使う。

2口のガスコンロや冷蔵庫など厨房機器の多くは、業務用ではなく家庭用製品を購入。オーブンレンジは自宅で使っていたものを持って来るなどして、コストを抑えた。

ドーナツは1個ずつ紙袋に入れて提供するが、手みやげ需要にも対応できるように箱も用意している。夫の拓哉さんがデザインしたロゴのハンコをつくり、1箱ずつ押印している。

1冊のノートに
やるべきことを整理して
スケジュールを把握

いろいろなことを同時進行しなくてはならない開業準備中は、何をいつまでにやらなくてはならないのかという優先順位が混乱しがち。そこで、まずノートを1冊購入し、契約に必要な書類や、店舗のレイアウト、ロゴデザイン、メニュー設計など、開業するためにやらなければならない項目をすべて書き込むようにしました。ノートを見れば何がどこまで進んでいるのか、ひと目で把握できました。

西陽がショーケースにあたり
チョコレートが溶けてしまう！

通りからガラス窓越しに売り場が見える開放感のある雰囲気は気に入っていますが、西陽が強くあたるので、暖かい日の午後の時間帯はドーナツのチョコレートが溶けてしまうことも。陳列台の向きを90度変えてみたりしましたが、やはり店内に入って正面にドーナツが見えるほうがいいなと思って、もとに戻しました。夏だけひさしや暖簾を付けることも考えましたが、そうすると店内が外から見えなくなるので悩んでいます。

売り場と厨房の仕切りに
カーテンは×

自分で店内のレイアウトを決めたためか、保健所の許可が下りない部分もありました。たとえば、売り場と厨房はカーテンで仕切ればいいと思っていたのですが、仕切りを設けなくてはいけないと言われて……。大工さんが余っていた引き戸で仕切りをつくってくれたため、予算を大きく上まわることなく対応できましたが、レイアウトを組む前に保健所に相談していれば、やり直しがなくてよかったのにと思いました。

ポスティングや
看板設置で客数アップ

開業1ヵ月後、まだ充分に店の存在が認知されていないと感じることもあって、チラシを約1000枚つくり、駅の反対側や少し離れたエリアにポスティングしました。チラシ持参でミニクッキーサービスと書いたらけっこう持ってきてくれて、新規顧客の獲得につながりました。また、住宅街の路地裏立地なので、表通りの角に営業中のみ小さな看板を置くようにしたところ、路地を入って店に来てくれるお客さまが増えました。

幸せを運ぶドーナツ屋さん
ソマリ

パン職人×パティシエールの姉妹が
強みをかけ合わせて開業。
米油で揚げるフワッと軽い食感が人気の秘密

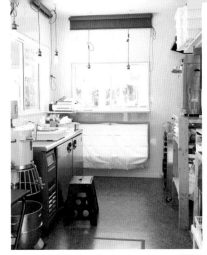

2.6坪の厨房は、白や淡い木の色でやさしい雰囲気に。窓を大きくとったことで、作業中もお客の来店に気づきやすい。2人が製造しやすい動線も意識し、道具や材料を1ヵ所にまとめた。

千葉県旭市の住宅街にオープンした「幸せを運ぶドーナツ屋さん ソマリ」。姉でパン職人の小山未涼さんと、妹でパティシエールの金澤実菜代さんが姉妹で開業を果たした。「生まれ育った街で開業するにあたり、地元の人にとって地域にあるとうれしい店は何かを考えました。飲食店やベーカリーは多いけれど、スイーツのお店は少なく、このご時世だからこそ気軽にテイクアウトできる菓子屋があればいいなと思ったんです」と金澤さん。そこで、パン生地の扱いに慣れている小山さんと、クリームやクッキーの製造、トッピングが得意な金澤さんのそれぞれの強みを生かせるドーナツ店をはじめることに決めた。

地域に根づいた店をめざす

開業前には半年かけて都内や関東近郊の店をまわり、自分たちがめざす味をじっくりと考えたという。何度も試作を重ね、開発した生地は、控えめな甘さと低温長時間発酵によるフワッとした食感が特徴。米油でサクッと揚げ、軽い仕上がりにするのがこだわりだ。トッピングは金澤さんが考案。生地の食感や味わいとのバランスを考え、甘すぎず食べやすい味わいにまとめている。

　店は金澤さんの自宅の敷地内に新築で建設したが、建築確認申請が不要である10㎡以下の規模にし、予算を削減。小さいからこそ窓を多めにつけて開放感を出し、家庭的な温かみのある雰囲気をめざして明るい色をベースにした。

　客層は、近隣の主婦層をはじめとした20代〜30代の女性がメイン。客単価は2000円程度で、6個以上購入するお客が多いという。「友達に試作品を渡して周りの人に紹介してもらったり、近くのスーパーに営業に行ってドーナツを置かせてもらった

開業までの歩み

2015年〜——小さいころからパン職人をめざしていた姉・小山さんは、短大で栄養学を学んだのち、「ブーランジェリー アンキュイ」（茨城・つくば）や、「ポンパドウル」（東京・亀有、北千住）で、パン職人として計6年修業。

2017年〜——幼いころから菓子づくりが好きだった妹・金澤さんは、短大で製菓を学んだのち、「パティスリー キハチ」（東京・東大島）や、「パティスリー・ソレイユ」（千葉・旭）で、菓子職人として計4年勤務。

2021年3月——小山さんが地元にUターンしたいという思いを金澤さんに相談したところ、2人での開業を提案され、店をもつことを意識。業態を検討しはじめる。

5月——話し合いを重ねた末、ドーナツとパンを販売することに決定。金澤さんが前職を退職。同時期に建設を進めていた金澤さんの自宅が完成し、同敷地内に店を建てることを決める。

7月——内外装をデッサン。設計・施工会社に依頼し、着工するも設計・施工会社とのスケジュールが合わず、再開日不明のまま、水道と基礎の工事まで終えて一時中断。

9月——年内のオープンをめざし、オークションサイトやフリマサイトで探していた厨房機器を購入し、発送を待ってもらう。

10月〜——小山さんが前職を退職。工事は進まず、申請の必要書類の用意や、レシピ考案の時間にあてる。

2022年1月——工事再開。

3月末——工事終了。厨房機器を搬入し、試作に取りかかる。試作品は地元の友人に試食用として渡し、SNSを通して紹介してもらう。パンの試作も行うが、製造スペースに限界があることが判明し、ドーナツ専門店とする。

4月29日——オープン。

オーナー
金澤実菜代さん

店長
小山未涼さん

建築確認申請が不要な大きさの店舗を新築。窓の下にドーナツのショーケースを設置。サンプルは各種1つと決めて陳列スペースを削減している。

混雑時の受け渡しは窓から行う。現状だと窓の位置が高いため、お客が受け取りやすいようにウッドデッキを取り付ける予定。ドーナツの袋には、店のアイコンでもある猫種「ソマリ」をスタンプで押した。

りして、認知度アップにも力を入れました。慣れ親しんだ地元だからこそ、多くの方が応援や協力をしてくださったんだと思います」と金澤さん。「店名には、ドーナツを通して幸せな気持ちになってもらえたらいいなという私たちの思いが伝わるように、『幸せを運ぶドーナツ屋さん』という言葉をつけました。初心を忘れずに、地元に根づいたお店を続けていきたいです」と2人は話している。

DATA

スタッフ数	2人
商品構成	ドーナツ約10品、焼きドーナツ約5品
店舗規模	2.6坪（売り場兼厨房）
1日平均客数	60組
客単価	2000円
売上目標	日商10万円（卸も含む）
営業時間	11時〜売りきれ次第閉店
定休日	火〜木曜

「きなこ」「セサミ」など約10品のドーナツ（190円〜）、「いちご」など約5品の焼きドーナツ（240円〜）が並ぶ。フワッとした食感で一度に2〜3個食べられると評判だそう。

2.6坪の小さな店は、窓を大きくして開放感のある空間に。
家庭的な温かみのある雰囲気をめざして、明るい色をベースにしました

店長の小山未涼さん(写真左)は1995年生まれ。「ポンパドウル」(東京・亀有、北千住)などで計6年修業。オーナーの金澤実菜代さん(写真右)は97年生まれ。「パティスリー キハチ」(東京・東大島)などで計4年修業したのち、自宅の敷地内で2022年4月に開業。

ある日のタイムテーブル

4:30	小山さん出勤。当日ぶんのドーナツ生地の成形をする
5:00	小山さん休憩(1時間)
6:00	金澤さん出勤。当日ぶんのカスタードクリームを炊く
7:00	金澤さん休憩(1時間)。ドーナツを揚げる
7:30	ドーナツのトッピング、包装作業
9:30	商品陳列など開店準備を行う
11:00	開店
11:30	小山さん休憩(3時間)
12:00	焼きドーナツの仕込み、焼成
14:00	翌日ぶんのドーナツの生地の仕込み
15:00	閉店／片付け・清掃
17:00	金澤さん帰宅
17:30	小山さん帰宅

2.6坪

開業投資額
450万円

内外装工事費 (水道・電気工事費を含む)	300万円
厨房設備費	120万円
運転資金など	30万円

壁は全面、汚れを拭きやすい キッチンパネルに

重ねたばんじゅうの重さにも 耐える頑丈な棚を造作

折りたためるカウンターで 作業スペースを拡張

油汚れがつきやすいうえ、厨房は窓越しにお客からも見えるため、掃除のしやすいキッチンパネルを全面に貼って清潔に。店のやわらかい雰囲気を損なわないよう、色はベージュをチョイス。

1日あたり最低でも300個は製造。空間を有効活用しようと吊り棚を設置して、ばんじゅうに入れたドーナツを保管しようと考えたが、重量に耐えられるか不安だったので、棚をDIYで造作した。

商品の袋詰めやお客との金銭の受け渡しにも使用するカウンターは、折りたたみ式。フライヤーが近くにあることから、不要時はカウンターを閉じ、スペースを拡大できるようにした。

市内の菓子店を 事前にリサーチ

近隣の繁盛している菓子店などを参考にして、このあたりの立地だとどんな雰囲気のお店が受け入れられるかを考えました。当店は市街地から離れた住宅街にあり、5分ほど車を走らせると飲食店や大型スーパーなどが立ち並ぶエリアがあることから、車で来店される主婦層が多いだろうと想定。そこで、親しみがもてて気軽に立ち寄れる"家っぽい"外観で、お客さまとの距離が近くなる窓からの販売を選択しました。

製造量に限界があり、 少量多品目は断念

現物件の設備でドーナツ20品とパン10品の少量多品目製造を試しましたが、厨房が小さすぎることを痛感。品数が増えると材料も増えて、置く場所や作業のスペースが限られてしまいますし、勤務時間も長くなって大変でした。今のところ2種類のドーナツ生地から、トッピングを変えて10～15品、1日最大800個の製造量が限界です。営業日は朝4時くらいからつくりはじめ、開店1時間前に商品を並べています。

ひさしが短く サンプルが溶ける事態に

陳列棚の真上に設置したひさしは、建物の構造上、短くしたのですが、夏の日差しを防げられないことが判明。サンプルに直射日光があたり、上がけのチョコレートなどが溶けてしまう事態に。そもそもロスになってしまうサンプルをよくは思っていなかったので、夏はサンプルを置かずに、商品紹介を記載したプライスカードだけを置き、ビラを渡しておすすめを紹介したり、お客さまに聞かれたら現品を見せたりしています。

設計・施工会社との 日程調整は念入りに

自宅の設計をお願いした地元の設計・施工会社であれば要望も伝えやすいと思い、比較検討せずに決めました。親身に相談にのってくれたり、予算内で収まる資材を提案してくれたり、完成にも満足していますが、スケジュールの確認がうまく取れておらず、コロナで施工会社側のほかの案件が押していたことなどもあって、工期が半年も延びてしまいました。完成時期はきちんと確認するべきでした。

フワリの秘密基地

キッチンカーと店舗でかき氷とクレープを提供。
小さな子どもにやさしい店づくりを実践

かき氷用とクレープ用でそれぞれ看板とタペストリーを用意し、販売時期によって掛け替える。写真は、ジョン・レノンとオノ・ヨーコをモチーフにしたクレープ用のもの。

謎めいた店名が興味を誘う「フワリの秘密基地」。白い壁にガラス扉のシンプルな外観は、一見した限りでは何の店かわからず、知らなければ通り過ぎてしまうかもしれない。ここは2019年7月に開業したかき氷とクレープの店だ。前身は「フワリ」という屋号のキッチンカー。オーナーの柴田邦雄さんと佳菜子さん夫妻は、今でも不定期でキッチンカーでの出店を続けながら、実店舗を営んでいる。「17年5月からはじめたキッチンカーでの経営が軌道にのり、出店は多い月で17日ほど。かき氷も1日数百個を売るようになったので、きちんとした仕込み場所がほしいと思うようになりました。実店舗の開業は、キッチンカーを続けるための拠点、というイメージでした」と邦雄さん。「マンション1階の半地下の現物件は隠れ家的な雰囲気で、仕込み場にちょうどよいと思ったんです」と語る。

手づくりの装飾と北欧雑貨をちりばめる

6坪の店内には、ヴィンテージのマグカップや、客席のテキスタイルなど、随所に北欧のモチーフがあしらわれている。「開業前に、しばらく長期の旅行には行けないだろうからと、以前旅行したフィンランドにもう一度行き、いろいろと買いそろえました」と佳菜子さん。開業費用を抑えるため、本棚やカウンターを手づくりするなど、内装のほとんどをDIYで仕上げた。一方で、入口の階段や厨房など、保健所の申請に関わる部分は設計士に依頼したという。

　内装のこだわりの一つは、客席をベンチシートにしたこと。「キッチンカーでは子どもが多いイベントを中心に出店していたので、赤ちゃん連れでもゆっくりできる雰囲気にしたかった」と佳菜子さん。現在の場所を選んだ理由も、自宅から通いやすいことに加え、「キッチンカーで出店することが多かったエリアで、

開業までの歩み

2003年3月——佳菜子さんが宮城文化服装専門学校を卒業し、アパレル会社に勤務。

2006年3月——邦雄さんが東京藝術大学美術学部芸術学科を卒業。その後、勤務先のアパレル会社（（株）トゥモローランド）で佳菜子さんに出会い、結婚。

2016年8月——2人でフィンランドへ旅行。ゆったりとしたライフスタイルに憧れを抱き、転職を考えるようになる。

2017年4月——邦雄さんが（株）トゥモローランドを退職。

5月——キッチンカーで初出店（代々木公園）。想像以上の大成功を収め、あちこちのイベント主催者から出店依頼が来るようになる。

7月——佳菜子さんが（株）トゥモローランドを退職。週末を中心にキッチンカーで出店、というスケジュールが徐々に定着。

2019年3月——新築マンションに半地下の物件を見つける。

4月——物件を契約（5月から家賃発生）。

6月——内外装工事が約3ヵ月で終わり、2日間、プレオープン営業。

7月1日——オープン。

オーナー
柴田邦雄さん

佳菜子さん

「実店舗は、キッチンカーを続けるための拠点」と邦雄さん。今も不定期でキッチンカーでの出店を続けている。夏はかき氷、冬はクレープがメインという、2枚看板での営業もユニーク。

クレープは、キッチンカー時代に「かき氷を喜んでくれたお客さまに、冬でも同じ味で楽しんでもらいたい」と考え、かき氷のソースやシロップを使ったクレープを販売したのがはじまり。写真は北欧のおやつをイメージした「シナモンロール風クレープ」(700円)。

DATA

スタッフ数	2人
商品構成	かき氷8品、クレープ12品、コーヒー1品
店舗規模	6坪
1日平均客数	40人
客単価	1000円
売上目標	月商80万円
営業時間	10時〜17時30分、3月〜5月は10時30分〜（キッチンカーの営業がある日は休業）
定休日	土・日曜、不定休

以前からの子どもの常連さんにも来てもらえるように」という思いから。かき氷は700円〜と、専門店としてはリーズナブルな価格に設定し、かき氷専門店で一般的な「1人1品注文」という制限も設けないなど、誰もが気軽に来店できる店づくりにこだわった。

　開業当初のメニューはかき氷のみだったが、今は夏場にかき氷、11月〜翌5月はクレープという二枚看板が定着。調理はもの静かで手先が器用な邦雄さんが担当。一方、新しいメニューのアイデアを考えたり、接客を担ったりするのは気さくな人柄の佳菜子さん。夫妻の醸す温かな雰囲気も、多くのリピーターを引き寄せている。

かき氷のソースやシロップはすべて自家製。フルーツは、キッチンカーの出店先のマルシェで知り合った農家などから樹上完熟のものを仕入れている。写真は、佳菜子さんの祖母が育てた赤シソでつくったシロップと、自家製の練乳を層にした「しそみるく」(700円)。

キッチンカーでの営業を続けながら実店舗を開業。
内装に必要なものの多くをＤＩＹでつくったので、無借金で開業できました

オーナーの柴田邦雄さんは1983年東京都生まれ、佳菜子さんは1982年宮城県生まれ。前職のアパレル会社で2人は出会い、結婚。退職後、キッチンカーでのかき氷とクレープの販売を続けながら、2019年7月に実店舗をオープン。

ある日のタイムテーブル

9：00	邦雄さん、佳菜子さん出勤。キッチンカーに積んでいた厨房機器を店内に運ぶ
9：20	店内清掃など開店準備。当日の具材の仕込み
11：00	開店／接客をしながら、注文に応じてクレープ（秋冬）を焼いたり、コーヒーを淹れたりする
12：30	昼食（店内の状況を見ながら、時間のあるときに昼食をとる）
13：00	邦雄さんは、クレープの売れ行きを見ながら追加の仕込みや、週末のキッチンカー営業の準備を行う
14：00	佳菜子さんは、接客をしながら、事務作業や、新規事業のハンカチの制作を行う
17：30	閉店／片付け・清掃
18：00	邦雄さん、佳菜子さん帰宅

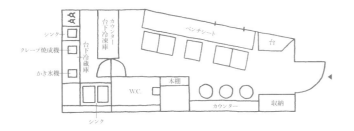

6坪

開業投資額
560万円

物件取得費	90万円
内外装工事費	120万円
厨房設備費	90万円
什器・備品費	60万円
運転資金	200万円

照明＆椅子には しっかり投資

照明と椅子は、「いずれ自宅でも使えるように」と、2人が好きな北欧ブランドを選択。照明はアンド・トラディション社製、椅子はアルテック社製。デザイン性の高い家具も内装のポイント。

店内の装飾は オーナーの手づくり

オリジナリティのある店内装飾にも注目。壁にかけたドライフラワーや、カウンターの上を彩るカラフルなタイルなど、手仕事が好きな邦雄さんによる作品を店内の随所に飾った。

メインの製造機器類は キッチンカーで使っているもの

クレープ焼成機はキッチンカーでも使っているコンパクトなもの。実店舗開業時に新規購入した厨房機器類は冷蔵庫やレンジフードなど少数で、厨房設備費をできる限り抑えた。

キッチンカーでの経験が 実店舗開業をスムーズに

キッチンカーでの営業を続けながら、その合間に実店舗の開業準備を進めました。基本的にはこれまでキッチンカーでやってきたことの延長なので、試作などはほとんどせず、スムーズにオープンできたと思います。厨房機器も、キッチンカーで使っていたものを活用しているので、厨房設備費や機材購入の手間を大幅に省くことができました。店内の装飾も手づくりしているので、無借金で開業できました。

店舗に配送する 大型機材を うっかり自宅に配送

開業準備中、とくに大きなトラブルはありませんでしたが、しいて言えば工事中、費用を抑えるために自分たちで調達するものが多く、業者さんが用意してくれるものと、自分たちで用意しなくてはならないものを把握するのが大変でした。大型の機材を自宅に配送してしまったこともあり、自宅から店舗に送り直すのに数万円かかってしまって、痛い出費になりました。

過熱するかき氷ブームで 予想以上のお客が来店

当初はキッチンカーでの出店の合間に実店舗を開け、近隣住民に向けてのんびり営業するつもりでいたのですが、開業するとすぐに行列ができるほどに。知らない間に有名なインフルエンサーの方が来店していて、その方のSNSへの投稿から当店の情報が拡散したことをあとから知りました。一時期は子ども連れのお客さまが来店しづらい雰囲気になり、今後の方向性を見直すきっかけになりました。

お客の行列回避のため かき氷は完全予約制に

実店舗開業後、毎月内容が変わる期間限定のかき氷を出していたところ、それがさらにお客さまを呼ぶことに。店の前に大人数が並べるようなスペースはないので、ご近所の方にご迷惑をかけてしまいました。それ以降、かき氷のイートインは完全予約制にしました。また、SNSには載せていないのですが、「ご近所さんDAY」をつくって、ご近所のお子さんや、おじいさん、おばあさんも入れるようにしています。

どらやき どら山

下町の路地裏でどら焼きを店頭販売。
カジュアルな食べ歩き仕様で老若男女に人気

客層は10代の若者から会社員まで幅広いが、メインとなるのは40代以上の女性。

商店が立ち並ぶにぎやかな大通りから一本入った路地裏に、2022年6月にオープンしたどら焼き専門店の「どらやき どら山」。東京メトロ門前仲町駅から徒歩約2分の立地で、周りにはオフィスビルやマンションが並ぶ。オーナーの鈴木康之さんは、フードビジネス専門の制作会社を立ち上げたのち、会社の事業の一環として自社オリジナルブランドの同店を開業した。

どら焼きのカジュアル感を強調

取り扱う菓子を日本の伝統的な和菓子であるどら焼きにした理由の一つは、海外展開を前提としているからだと鈴木さんは語る。加えて、どら焼きは中身のバリエーションも幅広く、自由にアレンジでき、かつ現代でも老若男女に好かれていると感じたことも決め手だった。

　カジュアルなどら焼き店にすべく、店舗はスタンド形式に。食べ歩きをしてもらえるように、個包装の袋は中心にミシン目を入れ、手を汚さずに食べられる仕様にした。内外装のデザインは和のテイストで統一。「どら山」の「山」に合わせて緑色や木材を多用し、壁紙のデザインには江戸小紋を取り入れ、和の伝統を感じられるように仕上げた。

　"また食べたくなる味"をめざしてつくるどら焼きは、ふんわりとした生地の食感にこだわり、気泡が多く入るように混ぜる。粒あんは甘さを抑え、塩けをきかせて、誰もが食べやすい味わいに。また、ひと口めは生地を、ふた口めにあんと生地の組合せを楽しんでもらえるように、あんに対して生地の分量がやや多めの構成にしている。

　「この街は買いものの際に声をかけてくださるお客さまが多いんです」と鈴木さん。毎月変わる期間限定フレーバーは、そんな会話のなかからお客のリクエストを聞いて決めている。「お客さ

開業までの歩み

2005年〜——4年制大学に通いながら、デザインスクールにも通う。大学卒業後、複数のデザイン会社に勤務する。

2009年——飲食店の経営やプロデュースを行う企業に就職し、デザイン部に配属される。

2016年——前職を退職して独立。知人と2人で、メニュー表などのデザインを行うフードビジネス専門の制作会社(株)ディテールアンドワークスを設立。

2021年6月——他社のプロデュースだけではなく、自分たちで一から食のブランドを立ち上げる方針を固める。マーケティングを重ねるなかで、何十年先も愛され続け、世界進出も可能な菓子として、どら焼きを選択する。

9月〜——どら焼きの試作をはじめる。まず、焼き台を購入し、鈴木さんの自宅で試作をくり返す。

2022年1月〜——歴史のある街がどら焼きとフィットするだろうと、東京・門前仲町など下町エリアを中心に物件を探しはじめる。家賃安めの2.5坪ほどの物件を探すも見つからず、当初思い描いていた約3倍の広さにあたる現物件を見つける。悩むも、門前仲町の街の雰囲気にひかれて現物件に決定する。

5月——初旬に物件契約、その後店長を雇う。月末に知人の設計士に依頼し、店のレイアウトをともに考えてもらう。設計士に紹介してもらった施工会社に発注し、施工がはじまる。

6月——16日に竣工。24日にオープン。

7.3坪の店舗は、食べ歩きを前提としたカジュアルなスタンド形式。大きなのれんで道行く人の興味をひき、ガラス窓からどら焼きの製造風景を楽しんでもらう。

まも、自分のリクエストが通ったのか気になるようで、また店に訪れるきっかけにもなるようです」。今後は地方にも店舗を増やし、将来的には海外展開したいという鈴木さん。まずは売上げ拡大に向けて、ECサイトでの販売をスタート。さらに店前にどら焼き用の自動販売機を設置し、営業時間外もお客を取り込みたいと話している。

作業台の手前にさらに小さな台を取り付けてちょっとしたスペースに。生地を焼くための道具を置くことができ、作業効率も上がったという。

DATA

スタッフ数	常時1〜2人（オーナー1人、店長1人、アルバイトスタッフ1人）
商品構成	どら焼き4品、ドリンク2品
店舗規模	7.3坪（厨房・売り場 計2.5坪、バックヤード4.8坪）
1日平均客数	60人
客単価	1000円
売上目標	月商150万円
営業時間	10時30分〜16時（売りきれ次第閉店）
定休日	火曜

ふんわりとした生地で塩けのきいた粒あんを挟んだ「黒どら」(250円)のほか、白あんを挟んだ「白どら」(250円)、粒あんとバターを挟んだ「あんバターどら」(350円)、月ごとに変わる季節のフルーツあんを挟んだ「旬どら」(380円)の計4品を用意する。

スタンド形式の店舗でカジュアルな利用をアピール。
老若男女に愛されるどら焼きの専門店は、海外でも展開できると思います

オーナーの鈴木康之さんは、1983年新潟県生まれ。大学を卒業後、複数のデザイン会社を経て、飲食企業のデザイン部に約7年勤務。2016年に(株)ディテールアンドワークスを設立。事業の一環として、22年6月に「どらやき どら山」をオープン。

ある日のタイムテーブル

7:00	店長出勤。どら焼きの仕込み、焼成(1回目)
9:00	アルバイトスタッフ出勤。生地にあんを挟み、包装。どら焼きの焼成(2回目)
10:30	開店／行列を整理しながら、販売、袋詰め、どら焼きづくりを行う
12:00	午前中の焼いたぶんが売りきれる。いったん店を閉め、どら焼きの追加焼成を行う
13:00	再度開店
15:30	午後のぶんを売りきり、閉店／片付け、翌日の仕込み、清掃。アルバイトスタッフ帰宅
16:00	店長帰宅

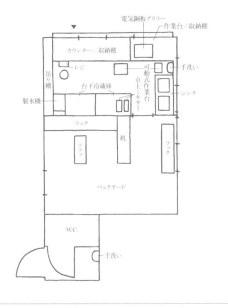

7.3坪

開業投資額

670万円

物件取得費	70万円
内外装工事費	400万円
厨房設備費	100万円
運転資金	100万円

カウンターの下は すべて収納スペース

広い間口を生かした横長の厨房。 作業動線を考えて器具を配置

お客に見えるように 飾り棚に化粧箱を陳列

窓から厨房が丸見えなので、つねに整理整頓された状態をキープ。奥行約50cm、幅約180cmあるカウンターの下は3段の収納棚となっており、包材などを収納。カウンターはブランドの和のイメージに合わせ、無垢材で造作した。

焼成から仕上げの工程は窓に面した作業台とカウンターで行う。どら焼きづくりがスムーズに行なえるよう、作業順に器具を配置。焼き台の脇に可動式作業台を置いてあんを挟む場所をつくるなど、省スペースで効率よく製造する。

厨房内の壁に飾り棚を取り付け、ロゴ入りの贈答用の化粧箱をディスプレー。化粧箱が外から見えるようにすることで、どら焼きの手みやげ需要も喚起できるという。デザイン性の高い化粧箱はインテリアとしても活躍。

写真映えするのれんで 通行人にアピール

どら焼きのイラストが描かれた横約160cm、縦約200cmの大きなのれんを店頭に掲げたことで、店の前を通る人の興味をかなりひくことができました。また、お客さまがSNSにどら焼きの写真を投稿する際に、当店のアイコンとしてこののれんを写真の背景に利用してくださることが多いです。デザインにインパクトがあるので、店の存在を多くの人に知ってもらえるきっかけになり、採用してよかったと思っています。

スタンド形式で 気軽な利用動機を狙う

当初は2.5坪くらいのスタンド形式の店舗を想定していましたが、約3倍の7.3坪の物件を借りることになったため、店内にお客さまが入れる売り場をつくることも可能になりました。ですが、カジュアルな利用動機を吸収できるよう、あえてスタンド形式にすることにしました。おかげで会社員や若い人たちが通りすがりに買ってくださることも多く、老若男女気軽にどら焼きを購入できる店になってよかったと思います。

設計士のおかげで イメージ通りの店舗に

この物件は当初、真ん中に柱があり、柱を挟んで左側が入口、右側が窓という構造でした。間口の横幅いっぱいに窓を取り付けたいと考えたのですが、自分では施工可能かどうかが判断できず、施工会社に直接話しました。しかし、うまく伝わらない部分もあったので、設計士に相談したところ、施工会社に具体的に提案・相談してくれて、今のかたちに。店舗デザインを熟知した設計士が間に入ってくれて助かりました。

エアコンを後付けしたら スペース不足が発覚!

初期費用がかさむので、厨房のエアコンは必要になったら付けようと後回しにしていました。夏になり、いざ設置しようとしたところ、エアコンのサイズが思っていたよりも大きく、考えていた場所には設置できないことが判明。エアコンを取り付けることを考慮してレイアウトしておけばよかったです。結局お客さまから見える位置にエアコンを設置することになり、エアコンを隠すためのカバーも用意して出費がかさみました。

ブルー ツリー ベーカリー

地元ウェブ掲示板で物件を見つけ、初期費用５００万円強でベーカリーを開業！

外壁にデザインされたロゴは、康晃さんが型紙をつくり、スプレーでペイント。休憩できるように椅子を置いたことも奏功し、狙い通りこの場所で撮影してSNSに写真を投稿するお客が多い。

大阪・大阪狭山市に2019年7月にオープンした「ブルー ツリー ベーカリー」は、製パンを学びながら長年バリスタとして活躍してきた青木康晃さんと、同じくバリスタの彩圭さん夫妻が営むベーカリー＆コーヒースタンドだ。

　開業に向けて物件を探すなかで、康晃さんが利用したのは、CMで目にしたウェブ掲示板の「ジモティー」。そこで見つけたのが、もとは倉庫として建てられた現物件だ。4.8坪と想定よりも小規模だったが、急行も停まる南海電鉄金剛駅から徒歩約5分というアクセスのよさや、大手スーパーの前という立地、さらに敷金・共益費・管理費が不要で、家賃は月3万円という好条件だったため、即決。「家賃が3万円なら、集客に苦戦しても乗りきれるだろう」と契約に踏みきった。

厨房機器は新古品や型落ち品を探して資金を節約

「どの本を読んでもパン屋の開業には1000万円は必要と書いてありましたが、そこまでの借入れは不安でした。なんとか500万円の融資額内に収めたかった」と康晃さん。内外装工事も施工業社6社に見積もりを取ったが、6社とも200万円前後と予算を超えていたため、新たにジモティーで募集し、90万円に抑えることに成功。コストをかけないぶん、仕上がりが粗いところは自身で修繕して対処した。厨房機器はオークションサイトなどで新古品や型落ち品を購入してコストを抑える反面、店の顔となるエスプレッソマシンは新品を購入。オーブンは、コンパクトなコンベクションオーブンも考えたが、「将来の製造量も考慮して」2枚ざし2段の平窯を導入。開業資金は融資額内に収め、自己資金の100万円は仕入れ代と運転資金にあてた。

開業までの歩み（康晃さん）

2005年4月──大学卒業後、レコールバンタン大阪校のオーガニックベーカリー専攻科に入学。

2006年4月──「ヴィクトワール」（大阪・長堀橋）に就職。バリスタを務めつつ、製パン補助も行う。

2014年1月──「イタリア食堂ガーデンバール」（大阪・谷町4丁目）に就職し、独立開業に向けて貯金をはじめる。結婚。コーヒーフェストラテアート世界選手権東京大会で8位に（翌15年の日本選手権で4位入賞）。15年、同店が立ち上げた焙煎所で焙煎に携わる。

2017年3月──開業に向けて退職。派遣アルバイトをしながら京都で物件を探す。

2018年1月──物件が見つからず、京都での出店を断念。1年限定でカフェに就職。

2019年4月上旬──カフェを退職し、資金調達支援事業を行う（株）SoLaboに資金調達を依頼。掲示板サイト「ジモティー」で大阪を中心に物件を探す。

4月下旬──SNSを開始し、フォロワーを増やす。ジモティーで現物件を見つけ、内見する。

6月上旬──物件を契約。日本政策金融公庫から融資が下りる。ジモティーで施工業者を探す。

6月中旬──内外装工事スタート。厨房機器がそろい、保健所の許可が下りる。

7月──ショーケースが10日に届き、工事終了。パンの試作やコーヒーの抽出調整を行う。15日オープン。

BAKERY

彩圭さん

オーナー
青木康晃さん

倉庫として建てられた物件をベーカリーに改装し、2019年に開業。21年には2号店「ブルー ツリー ファボ」を近所にオープンしている。

窓際のバリスタコーナー。経費節約のため、厨房機材は新古品を探したが、店の顔となるエスプレッソマシンは新品を導入。

「素直においしいと思えるパンを提供したい」と言う康晃さんは、11種の生地で約40品のパンをつくっている。開業当初はオリジナリティの高いパンを多くそろえていたが、お客の反応は薄かったそう。そこで、お客の要望に応じて定番中心の品ぞろえに変えたところ、売上げが伸長。とはいえ、メロンパンであれば、口溶けのよいブリオッシュ生地にバニラが香るクッキー生地を重ねるなど、細部にまでこだわっているのが同店のパンの特徴だ。

今後の課題は、狭い厨房でいかに効率的に作業を行うか。機器の配置を見直すなどして作業スペースを確保して製造量を増やし、卸や催事出店など販路を広げたいという。

DATA

スタッフ数	2人
商品構成	パン約40品、ドリンク12品
店舗規模	4.8坪
1日平均客数	平日70人、土・日曜100人
客単価	1000円
売上目標	月商120万円

※2021年に、2号店「ブルー ツリー ファボ」(大阪狭山市半田6丁目)をオープン。現在「ブルー ツリー ベーカリー」は火・金曜の9時〜13時のみの営業で、パンは2号店で製造している。データは2020年6月の取材時のもの。

パンは約40品をラインアップ。ショーケースはネットで見つけた「vivre studio」に特注し、幅124×奥行50×高さ122cmに。「パン30〜40品を並べられる4段にしたのがポイント」と康晃さん。

施工業者をウェブ掲示板で探し、内外装工事費を大幅に圧縮。
コストをかけないぶん、仕上がりが粗いところは自分たちで修繕しました

オーナーの青木康晃さんは、1983年兵庫県生まれ。レコールバンタン大阪校で製パンを学んだのち、大阪のベーカリー「ヴィクトワール」や「イタリア食堂ガーデンバール」などで製パンとコーヒーの技術を身につける。妻の彩圭さんもバリスタ修業歴をもつ。

ある日のタイムテーブル

3:00	康晃さん出勤。前日仕込んだ生地の復温、食パン生地のミキシング、生地の分割・丸め作業などを行う
5:00	彩圭さん出勤。生地の成形、ホイロ。パイ、スコーンの焼成
6:30	各種パンの焼成
7:00	サンドイッチの製造、デニッシュの仕上げ
8:00	パンの陳列、コーヒーマシンの調整、買い出しなど開店準備
9:00	開店／彩圭さんは接客・ドリンクの製造。康晃さんは、引き続きパンの焼成
10:00	翌日提供するパンの仕込み。売れ行きを見ながらパンの追加焼成
17:00	閉店／片付け・清掃
18:00	康晃さん、彩圭さん帰宅

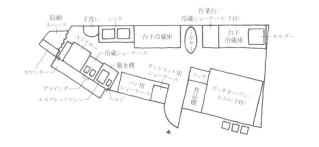

4.8坪

開業投資額
578万円

物件取得費	18万円
内外装工事費	90万円
厨房設備費	352万円
什器・備品費	36万円
運転資金	82万円

ショーケースの下に かさばる粉を収納 / 板をかませて 引き出しを自作 / 自動販売機置き場を コーヒースタンドに

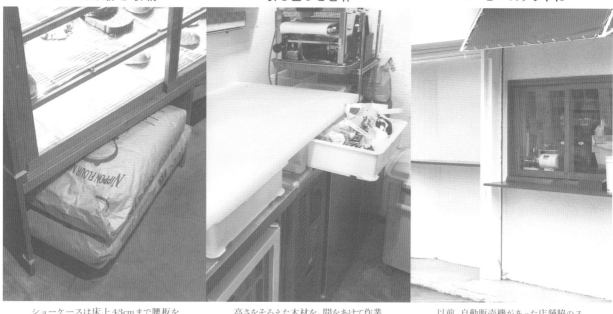

ショーケースは床上43cmまで腰板を張り、腰板の裏は粉の収納スペースとしている。粉袋を台車の上に寝かせて引き出す仕組み。限られた空間を有効活用するアイデアの一つ。

高さをそろえた木材を、間をあけて作業台の上に固定。その上に板を置き、作業台と板の間にばんじゅうをさし入れ、引き出しとして活用。製パン道具やフィリングの食材を保管している。

以前、自動販売機があった店舗脇のスペースは、カウンターを取り付け、その場でコーヒーが飲めるスタンドに。週末は遠方から来店する多くのお客が利用する。

開店前から SNSで情報発信

開業3ヵ月前からSNSで店の情報を発信。パン好きの方や同業者などをたくさんフォローしてコメントを入れ、フォローバックしてもらうなど、開業前から店を知ってもらえるよう努力しました。また、オープン日には購入金額1000円につき食パン1斤のプレゼントを用意。食パンのこだわりも事前にSNSで発信していたことで、当日は行列ができ、初日の売上げは12万円と幸先のよいスタートをきることができました。

内装は、見た目だけでなく、掃除のしやすさも考えて

業者からおしゃれだとすすめられ、店内の壁の塗装はパテで仕上げることにしたのですが、凹凸していて拭き掃除がしにくいことに気づきました。掃除のしやすさも施工時に考えるべきでした。また、この物件は破格に安い家賃が魅力でしたが、もともと倉庫として建てられたものなので、夏は暑く、冬は極寒。もっと可能な限り融資を受けて、断熱材を入れるなどしっかりと基礎工事をしておけばよかったです。

工事が遅れ、準備不足でオープンを迎えることに

開店日は、多くのお客さまに来てもらえるように、祝日(海の日)に設定。しかし、工事完了が開店日直前までずれ込み、試作の時間が思うようにとれず、商品のクオリティに納得がいかないままオープンすることに。不慣れなオペレーションと真夏の暑さのなかでダメにした生地があり、製造個数が足りなくなるトラブルも。開業日に準備万端ではなかったために取りこぼしたお客さまもいたかと思うと悔しいですね。

スタンプカードで購買意欲を高める

スタンプカードは、集めるスタンプの数を多くするとお客さまが集める気をなくしてしまうので、1000円購入ごとにスタンプ1個を押し、6個集めるとパン2個または500円以下のパン2個またはドリンク2杯をサービス。あといくら買えばゴールなのかがわかりやすく、客単価アップにつながっています。また、レジ横にはシーズナルコーヒーの写真を表示して訴求。シングルオリジンコーヒーの認知度も高まってきました。

チェスト船堀

できるところはDIYで。
パン、ワイン、料理がそろう
10坪の店を1000万円で開業！

都営新宿線船堀駅から徒歩約8分。学校や団地が並ぶ大通り沿いに立地する店舗は、もと居酒屋。2019年1月から船堀周辺で物件を探し、同年8月に取得。

江戸時代に河川舟運の中継地として栄えた東京・船堀。その面影を今に伝える新川のほど近くに「チェスト船堀」がオープンしたのは2019年9月のことだ。オーナーの西野文也さんは東京・江古田「パーラー江古田」、同・清澄白河「フジマル醸造所」などで製パンやワインについて学び、ソムリエ資格を取得。当初から「いつかは店を開こう」と決めていたが、実店舗を開く前に「自分らしいパン屋を不定期でやってみよう」と、都内の菓子店やバルを間借りするかたちで18年5月に「さかなパン店」を開業した。定休日の店舗を月に数回借りてパンとワインを提供するかたわら、物件探しを開始した西野さんが、もと居酒屋だった現物件に出合ったのは19年2月。広さは10坪と希望の15坪より狭かったものの、最寄りの駅から徒歩約8分の緑豊かなエリアに立地していることから出店を決めた。

立ち飲みもできるパン屋兼ワインショップ

以前から日本各地の小麦産地を訪問し、ワインのテロワールにも通じる小麦の個性に魅力を感じていた西野さんは、開業にあたり、単一品種の国産小麦だけを使って小麦それぞれのもち味を生かしたパンづくりを行うことに。さらに、情熱をもってワインづくりに取り組んでいる醸造家の自然派ワインをそろえ、料理とともに提供することにした。

「基本はパン屋とワインショップ。そこで、ちょっと飲むこともできるという感じにしたかったので、座る必要はないかなと店内はスタンディングに。存在感のある大きなカウンターがあるといいなと思いましたが、つくってもらうと数十万円もするし、きれいになりすぎるので自分でつくることにしました」と西野さん。3.5坪の売り場には長さ2.2mのカウンターを自作し、壁や天井の塗

開業までの歩み

2011年——東日本大震災を機に「生活に必要とされる飲食の仕事を」と都内のパン店に就職。

2012年——「気持ちのこもったパンと店の雰囲気」にひかれ、東京・江古田「パーラー江古田」に入店。製パンを担当。

2014年——イタリア料理店に勤務。系列のカフェの立ち上げに参加。

2015年——カフェが閉店。自然派ワインに関わる仕事がしたいと、同・清澄白河「フジマル醸造所」に入店。

2018年3月——フジマル醸造所を退職。開業前に間借りをしてパンとワインの店をやってみようと場所探しを開始。

5月——都内の焼き菓子店の定休日に店舗を借り、「さかなパン店」を開業。パンを購入するとワインを1杯サービスするスタイルが評判に。

2019年1月——物件探しを開始。15坪程度の物件を探す。

2月——もと居酒屋だった現物件に出合う。「融資の審査に通ったら契約を」と伝え仮押さえ。厨房器機などの手配を開始。

8月——日本政策金融公庫の融資が下り、物件を取得。内外装工事スタート。設計は秋山設計事務所に依頼。カウンターの製作、天井と壁の塗装は自身で行った。

9月26日——オープン。

オーナー
西野文也さん

開業投資額は 1000 万円。ワインの仕入れや食器、什器の購入などで思っていた以上に出費がかさんだが、もともとあった配管や床材、窓サッシなどを活用し、冷蔵庫をリースにするなどの工夫で予算内でのオープンを果たした。

「パン屋とワインショップが基本で、ちょっと飲むこともできるという店にしたかったので、座席は設けずスタンディングにしました」と西野さん。女性でも肘をついて寄りかかれるよう、カウンターは高さ 105cm に設定。

装なども可能な限り DIY。2.5 坪の厨房にはガスオーブンや台下冷蔵庫などを導入し、1 人で製パン、調理、接客が行える配置に。店舗の一角に 2 坪のワインセラーも確保した。

開業後は東京・東久留米産の柳久保小麦や北海道産キタノカオリなど、単一品種の国産小麦粉を十数種類そろえ、バゲット、カンパーニュ、食パンなど 10〜15 品のパンを提供。サンドイッチやブルスケッタ、フリットなどの料理も約 10 品そろえる。「ハード系パンや自然派ワインになじみのない人でも、気軽に立ち寄れる場所でありたい」と、パン、ワインともにお客の好みを聞き、おすすめの品を提案している。

DATA

スタッフ数	1 人
商品構成	パン 10〜15 品、フード約 10 品
店舗規模	10 坪
1 日平均客数	テイクアウト 40 人（イートイン 10 組）
客単価	テイクアウト 2000 円（イートインのレジ単価 3500 円）
売上目標	未設定
営業時間	12 時〜19 時（フード L.O.）
定休日	火・水曜休

焼き上げたパンは、カウンターの上と、売り場と厨房を仕切る棚に陳列。バゲット、カンパーニュ、フォカッチャ、リュスティックなど 10〜15 品をラインアップ。

85

パンを肴に立ち飲みも楽しめるパン屋兼ワインショップ。
パンと自然派ワインについて気軽に相談できる場所にしたいです

ある日のタイムテーブル

7:00	出勤。翌日ぶんのパンの生地の仕込みを行う
8:00	前日に仕込んだ生地を分割、成形、焼成
11:00	サンドイッチづくり
12:00	開店／接客をしながら、パンやフードの仕込みを行う
19:00	閉店／片付け・清掃
19:30	帰宅

オーナーの西野文也さんは、1987年鹿児島県生まれ。東京・江古田のベーカリー「パーラー江古田」、同・清澄白河のワイナリーを併設したレストラン「フジマル醸造所」などで経験を積む。2018年に定休日の菓子店を間借りして、パンとワインを提供する「さかなパン店」をスタート。19年9月に「チェスト船堀」をオープン。

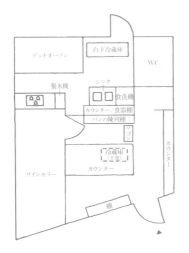

10坪

開業投資額
1000万円

物件取得費	100万円
内外装工事費	400万円
厨房設備費	300万円
什器・備品費	100万円
運転資金	100万円

存在感のある
手づくりのカウンター

2槽シンクの上を
作業スペースとして活用

表からも見える
粉袋の収納

ブロックを積み、コンクリートを流してみずからつくったカウンターは高さ105cm、長さ220cmで、存在感も充分。カウンター下のスペースにパン生地を冷蔵発酵させる冷蔵庫などを配置している。

厨房は2.5坪と狭いので、台下冷蔵庫のほか、シンク上部も作業スペースとして活用している。調味料などは壁に設けた棚に収納。パン製造、調理、接客は西野さんが1人で行う。

窓際に設置した棚に十数種類の小麦粉を収納し、店外にはワインの空き瓶をディスプレー。外装はシンプルだが、パンとワインを楽しめる店であることが通りからもひと目でわかる。

正解でした

節約しました

工夫しました

自分らしさを追求

開業前の間借り営業が
融資の際の信用に

パン屋で働きはじめたときからいつかは店をやろうと決めていましたが、はっきりとしたビジョンはなかったので、まずはメディアに載ることで自分を知ってもらおうと、開業する前に間借りで「さかなパン店」を開きました。その後、実店舗を出店するにあたって日本政策金融公庫からお金を借りる際、さかなパン店として雑誌で紹介されたことが店のアピール材料に。自己資金100万円で、900万円を借りることができました。

必要最小限の機材で
パンをつくっています

ワインの仕入れや食器、什器の購入などで思っていた以上に出費がかさみましたが、前店の配管や床材、サッシなどを活用し、冷蔵庫をリースにするなどしてコストを削減。ガスオーブンは、ドイツ・ウェルカー社製で、3枚ざし3段。全段同じ温度にしか設定できず、薪窯に近い感覚ですが、シンプルなつくりで、小器用な感じがないところが気に入っています。ホイロはなく、生地はワインセラー内などで発酵させています。

可動式ワゴンを間仕切り兼
パンのカットスペースに

売り場は3.5坪と狭いので、レイアウトは工夫しました。営業中は、売り場と厨房との仕切りを兼ねて可動式ワゴンを陳列棚とカウンターの間に配置。ワゴンの上をパンのカッティングスペースとして活用しています。父から譲り受けたJBLスピーカーはカウンター上部に設置。ワインは店内に並べず、店舗の一角に確保したワインセラー（2坪）に保管。お客の好みを聞き、おすすめを選んで提供しています。

コンセプトを大事に、
自分のスタイルを表現

小麦産地を訪ねるうちに、小麦にもワインと同じように品種や産地ごとのテロワールがあることを知って、それぞれに個性がある小麦を混ぜるのはもったいないなと、1種類の小麦でシンプルなパンをつくることにしました。開店当初はパンが売れなくて、具入りのパンをつくっていた時期もありましたが、自分がこれだと思うものをめいっぱい頑張ってつくることがやはり大事だなと思って、すぐに当初のコンセプトに戻しました。

グルファ

鉄板を駆使したホットサンドが主力。
1人で無理なく続けられる昼中心の営業体制

アメリカ・ポートランドで訪れたレストラン「ネッドラッド」の壁紙を参考にし、鮮やかな青色を差し色にした内外装に。カウンターに使う木材は、施工会社と一緒にセレクト。棚や椅子の脚に鉄を使うアイデアも施工会社の提案だ。

2020年9月にオープンした「グルファ」は、ホットサンドイッチ専門店。オーナーの名村美緒さんは、アメリカ・ポートランドで出合ったホットサンドに魅了され、専門店の開業を夢見てきた。その夢が現実に向けて一気に加速したのは、不動産会社に勤める友人から紹介された現物件との出合いがきっかけだったという。

立地は、土佐堀川に沿ってオフィスビルやマンションが立ち並ぶ大阪・中之島。美術館や公園も近いため、平日のランチ需要に加え、週末のテイクアウト需要も取り込めると考えた。「1人での営業を決めていたので、4.7坪という店舗規模は最適。即決でした」と名村さんは語る。

施工は、知人が営む(株)リーフに依頼し、デザイン料を節約するため、自身で複数のレイアウトを考えてアドバイスをもらいながら店づくりを行った。「長年、夜がメインの業態で働いてきましたが、自分自身の生活も見直そうと、ラストオーダーを19時にした昼営業が中心のお店にしました。夜の営業は楽しいし、売上げも見込めるけれど、無理なく長く続けていけることを重視。働き方を見直した結果の営業スタイルですが、ランチ帯とテイクアウトで採算がとれる店づくりは、コロナ禍の時代には合っていたと思っています」と名村さんは言う。

開業投資額は690万円。1.5坪の厨房に入る厨房機器が中古では見つからず、すべて新品を購入したため、厨房設備費が想定以上に膨らんでしまった。そこで、食器類はディスカウントストアで調達するなど、備品の費用を10万円ほどに抑えて節約に努めた。

自家製バターで個性をプラス

注文ごとに鉄板で焼いてつくるサンドイッチは、定番2品と季節商品1〜2品を用意。全粒粉またはライ麦粉を配合した2種

開業までの歩み

2006年4月——大阪を中心に飲食店の経営やプロデュースを手がける(株)オペレーションファクトリーに入社。ダイニング業態で働く。

2008年6月——学生時代にアルバイトをしていた居酒屋に入店。

2011年4月——一度、飲食業から離れようとブライダル業界へ。ドレスショップに就職。

2012年8月——大阪・心斎橋の「食堂ミコノス」(現在閉店)の立ち上げに誘われ、ドレスショップを退職。食堂ミコノスの店長に就任。2年目くらいに旅行したアメリカ・ポートランドで出合ったハード系パンを使うサンドイッチにひかれ、サンドイッチを主力にした店の開業を思い描く。

2017年4月——独立開業に向けて調理の経験を積むため、食堂ミコノスを退職。2年半と期間を決め、大阪・堀江の「クラフトバーガー」で鉄板調理を、同・北浜の「エスカペ ロッジ アンド エスプレッソ」でコーヒーの抽出を学ぶ。

2020年2月——物件を探しはじめる。不動産会社に勤める友人から現物件を紹介される。

3月——新型コロナウイルスの流行で開業を迷う気持ちが生まれたものの、物件を契約。食堂ミコノスを経営していた(株)リーフに施工を依頼。

4月——コロナ禍で、受講予定だった食品衛生責任者の講習会が一時停止され、再開を待つ。

6月——日本政策金融公庫に借入れを申請。再開した食品衛生責任者の講習会を受講。内外装工事スタート。

7月——工事完了。開店を予定していたが、新型コロナウイルス流行拡大を受け、開店日を延期。

8月——大家と交渉し、家賃1ヵ月ぶんの免除をとりつける。日本政策金融公庫から融資が下りる。

9月——オープン。

高層ビルが立ち並ぶオフィス街に立地する2階建
ての長屋の1階。天候によって開け方を変えられる
ようにテイクアウト用の窓は3つに区切った。イート
インとテイクアウトの売上比率は6対4だ。

鉄板で焼くことで、パンのさっくりとした食感を際立
たせる。ハーブやスパイス、柑橘などを加えた自家
製バターを使うことで軽やかな印象を与えるととも
に、オリジナリティをプラス。

DATA

スタッフ数	1～2人
商品構成	サンドイッチ3～4品、スイーツ4品、サイドメニュー5品、ドリンク15品
店舗規模	4.7坪(厨房1.5坪、カフェスペース3.2坪・5席)
1日平均客数	平日20人、土・日曜40人
客単価	1300円
売上目標	月商80万円
営業時間	11時～19時(L.O.)
定休日	火曜、不定休

類のパンを使い、ハーブやスパイス、柑橘などを練り込んだ5種
類の自家製バターを使い分ける。緊急事態宣言下には、鉄板を
使うスイーツメニューも開発。評判は上々だ。

　「コロナ禍での開業で変化が激しいため、お客さまとコミュニ
ケーションを積極的にとって、周辺企業の動向を探りながら製
造量を調整しています」と名村さん。今後はサイドメニューやド
リンクも充実させ、イベントなども開催したいそう。「状況が落ち
着いたらアルコールも提供し、昼からお酒を片手にゆっくりでき
るお店にしたいです」と抱負を語る。

アパレイユに浸した全粒粉食パンをレモンバターで焼く、イートイン限定の「レモンバター
のフレンチトースト」(800円)と、大阪・東大阪の田代珈琲(株)から仕入れるコスタリ
カ産の豆を使ったさわやかな「エスプレッソトニック」(600円)。

鉄板調理を中心にして、ワンオペ可能な営業スタイルに。
アフターコロナも視野に入れた店づくりを行っています

オーナーの名村美緒さんは、1986年兵庫県生まれ。「食堂ミコノス」(大阪・心斎橋、現在閉店)を経て、「クラフトバーガー」(同・堀江)、「エスカペ ロッジ アンド エスプレッソ」(同・北浜)などで鉄板調理やコーヒー抽出の技術を学ぶ。2020年9月に独立開業。

ある日のタイムテーブル

9:00	食材の買い出し
9:30	出勤。当日ぶんのサンドイッチの仕込み。店内の清掃
11:00	開店/アルバイトスタッフ出勤
15:00	アルバイトスタッフ帰宅
19:00	閉店/片付け・清掃
21:00	帰宅

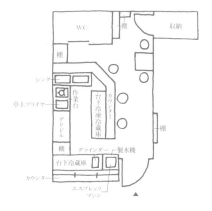

4.7坪

開業投資額

690万円

物件取得費	60万円
内外装工事費	300万円
厨房設備費	120万円
什器・備品費	10万円
運転資金	200万円

立ち飲みもできる
カウンターを設置

機材のサイズを細かく測り
狭い厨房に機能的に配置

棚を設けて
デッドスペースをなくす

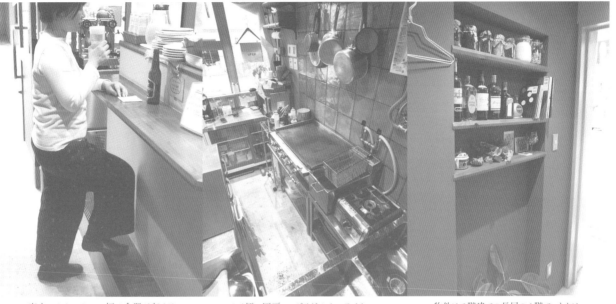

店内のカウンターの幅は食器が収まる最小幅の25cmにして、カウンター背後の動線を確保。高さは、立ち飲みもしやすい102cmに設定した。施工を依頼した（株）リーフのアドバイスのもと、足をのせられる段差をつくった。

1.5坪の厨房に、グリドルやフライヤー、コンロ、冷蔵庫、作業台、製氷機、シンクなどを収めるため、機材のサイズは細かく計測。動線を確保しつつ、働きやすさを徹底的に考えて機材を配置している。

物件は2階建ての長屋の1階で、もとは店内にも2階に上がる出入口があった。その出入口をふさいだときにスペースができたため、棚を設置。本やアルコールなどの瓶類、小物などを置く飾り棚として活用している。

鉄板調理は
ワンオペの店の
強い味方！

ハンバーガー店での勤務時に鉄板調理の魅力をあらためて知り、サンドイッチはすべて鉄板で焼くスタイルにしました。フライパン調理だと、調理後にそのつど洗わなくてはいけませんが、鉄板調理はその必要がないので、一度に複数の注文が入っても1人でこなすことが難しくありません。火力が強いのも魅力です。1人で調理も接客も行う"ワンオペ"の小規模店には強い味方です。

収納棚は施工時に
つくるべき

収納が足りなければ、あとからつくり足せばいいと思っていましたが、あとからつくるとデザインに統一感がなくなってしまったり、総耐荷重が少ない棚になってしまったりするので、施工段階でしっかりと考えて設置しておくべきでした。開業1年も経たないうちに、壁面上部に本や食材などを並べられる"見せる収納"用の棚をつくっておけばよかったと少しだけ後悔しています。

緊急事態宣言下も
将来を見据え、
有意義な時間に

開業準備期間はコロナ禍で、食品衛生責任者の講習会が停止され、融資申請も遅れるなど不安でした。開業後も緊急事態宣言で在宅勤務に切り替えた会社が増えて客足が鈍化。いっそのこと連休をとり、休業にするという考えがよぎりましたが、商品開発を集中して行うなど、そのときにできることをしようと考えました。今では必要な期間だったと思えるし、メンタルも強くなりました。

店内カウンターは
立ち飲みも可能に

新型コロナウイルスの感染防止対策として、今は3席のみにしているカウンターを、今後は立ち飲み用にする予定。以前働いた大阪・北浜のカフェ＆バー「エスカペ ロッジ アンド エスプレッソ」では、カウンターでさっとエスプレッソを1杯だけ飲んだり、テーブルでゆっくり過ごしたり、自由な使い方をするお客さまが多く、その雰囲気に憧れがあるんです。当店もそんな使い勝手のよい店にしていきたいです。

ホーライヤ

サンドイッチとコーヒーに
独自の世界観をミックス。
地域のホットステーションをめざす

店舗は6坪で、カフェスペースは3坪。カウンター3席、ハイテーブル2席で構成。床にレンガ色のタイルを貼ったり、照明にデンマーク製のアンティークを取り入れたりしてヨーロッパのカフェの雰囲気に。

若者が集まる東京・原宿のメインストリートからやや離れ、落ち着いた住宅街が広がる神宮前2丁目エリアにオープンした「ホーライヤ」。オーナーの河野寛史さん、ともみさんが開業にあたってもっともこだわったのは、「神二」と呼ばれるこのエリアで店をもつこと。ともに以前の職場に近く、好きな店も多いことから、最初から神宮前2丁目に絞って物件探しをはじめた。

　このエリアは地元の人が多く、物件がなかなか出ないと不動産屋には言われたが、運よく1ヵ月で現在の場所を見つけた。「内見したのは、2軒だけ。この物件は、もとは50年続いた喫茶店で、街の人に認知されていて、直感でいいなと思いました」と寛史さんは話す。

　店づくりは、寛史さんの得意なサンドイッチとコーヒーをメニューの軸に据えることに決め、イラストレーターであるともみさんの感性を組み合わせて進めていった。設計・デザイン・施工は、事務所が近く、自分たちが好きなコーヒーショップの設計を手がけていた㈱デン・プラスエッグに依頼。同社は店舗や住宅のデザイン・施工を手がけるほか、海外から自社輸入したアンティークの家具やパーツの販売も行っていることから、扉や照明、椅子なども同社から購入した。

おもちゃ箱のような楽しい店に

内装は、「頭に浮かんださまざまな国のイメージをミックスして、新しいけれど懐かしく、楽しいお店にしたい」と考え、設計士との事前の打合せでは、写真集に加えて手描きのイラストを持ち込み、イメージを詳細に伝えた。入口を入ってすぐは、ヨーロッパの旧市街のようなアンティークな雰囲気。壁の色が変わる店の奥とトイレは、メキシコの乾いた土の感じをイメージし、独自

開業までの歩み

2010年〜──寛史さんはカフェ勤務をきっかけにコーヒーへの興味が深まり、コーヒーショップなどで経験を積む。

2021年2月──前職のサンドイッチ専門店にお客として来店していたともみさんと結婚。2人で独立を考えるようになる。

3月──開業計画の第一段階として、「どの街で開業するか」を重視し、土地勘があり、2人が好きな街である東京・渋谷区の神宮前2丁目に絞って物件探しをはじめる。

4月──自転車で物件を探しているときに現物件と出合い、すぐに不動産屋に問い合わせる。最初は大家に飲食店はNGと言われたが、軽飲食でガスを使わないこと、夜遅くまで営業しないことなどを伝え、契約できることに。

6月──5月の物件申し込みを経て、6月に契約。同時進行で設計・デザイン・施工会社の㈱デン・プラスエッグと店舗デザインの打合せを進める。

8月──内外装工事スタート。約1ヵ月でスピーディーに完了。

9月──店舗の引き渡し後、サンドイッチの試作を行う。15日にプレオープン。28日にオープン。

「自分たちが好きな街、東京・渋谷区の神宮2丁目に絞って物件を探しました」と話す、寛史さんとともみさん。6坪という小体な店が、お客との距離感を縮めることにつながり、地域の憩いの場として認知されつつある。

入口の横に大きな上げ下げ窓を設け、折りたためる縁側と組み合わせた。天気のよい日は窓と入口の扉を開けて開放的な雰囲気に。

DATA

スタッフ数	常時1〜3人(オーナー2人、アルバイトスタッフ1人)
商品構成	サンドイッチ11品(バゲットサンド6品、ホットサンド3品、フレンチトースト2品)、焼き菓子3品、ドリンク21品
店舗規模	6坪(厨房3坪、カフェスペース3坪・5席)
1日平均客数	65人
客単価	950円
売上目標	日商7万5000円
営業時間	8時30分〜19時
定休日	火曜

の世界観を表現した。「開業した時点で完成形ではなく、今後は自分たちが出合ってきたものをどんどん取り入れて、おもちゃ箱のようなお店にしたい」と2人は語る。

　現在はテイクアウト利用が8割だが、購入時に会話を交わす常連客も多く、小さな店ならではの距離感も魅力となっている。縁側があることでお客どうしの交流も生まれ、地域のコミュニティスペースとしても機能している。

「ラ・バゲット」(東京・新宿)のパンを使ったバゲットサンドやホットサンド、フレンチトーストのほか、自家製ヴィーガンスコーンも販売。コーヒーは、大分県の「スリーシダーズコーヒー」の豆を使用。

ヨーロッパのカフェをイメージして店舗をデザインしました。
軒先には、お客さまどうしの会話が生まれるよう、縁側を設置しています

オーナーの河野寛史さんは、1985年大分県生まれ。上京後、コーヒーショップやサンドイッチ専門店などで経験を積む。ともみさんは、1981年山梨県生まれ。デザイン事務所に勤務したのち、寛史さんとともに「ホーライヤ」をオープン。

ある日のタイムテーブル

6:00	寛史さん出勤。サンドイッチの製造、菓子の焼成、陳列作業
8:00	ともみさん出勤。エスプレッソマシンの調整など開店準備を行う
8:30	開店／接客をしながら、注文に応じてサンドイッチを温めたり、コーヒーを淹れる。売れ行きを見ながら、適宜商品の補充を行う
10:30	1人休憩（1時間）。接客や商品の補充をしながら、サンドイッチや菓子の仕込みを行う
14:00	1人休憩（1時間）
15:00	ともみさん帰宅
19:00	閉店／片付け・清掃
21:00	寛史さん帰宅

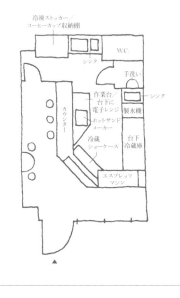

6坪

開業投資額
2000万円

物件取得費	150万円
デザイン・内外装工事費	800万円
厨房設備費	300万円
什器・備品費	50万円
運転資金	700万円

壁のモロッコタイルは
職人の手塗りのもの

戸棚などに古材を多用して
温かみのある空間に

ともみさんのイラストが
店の個性を高めるアクセント

売り場の腰壁には、鱗型のモロッコタイルを採用。職人が1枚ずつ手塗りで仕上げたもので、グレー一色ながらも1枚1枚微妙に色が異なり、味のある雰囲気に。壁には、アンティークの額や棚板で囲んだ鏡を飾っている。

カウンターとハイテーブルの天板や、厨房の壁につくり付けた戸棚の扉(写真上)には、イギリスの小学校で使われていたという古材を使用。古い傷跡が残り、アンティークならではの温かみを醸す。トイレの扉も、イギリスのアンティーク。

イラストレーターの実績を生かし、メニュー表や、サンドイッチを描いたポスター、キャラクターなど、販促物はすべてともみさんの手づくり。物販スペースで販売している乾物のラベルなども自作し、ブランディングにつなげている。

こうすればよかった

改善を検討中

後悔しています

やってよかった

収納スペースや休憩室を
つくればよかった

収納は、キッチンの戸棚のほか、バックヤードに棚をつくって資材置き場としたのですが、いざ営業してみたらスペースが全然足りなくて……。ドリンク用の紙コップなどかさばるものも多いので棚がパンパンになってしまい、どう収納場所を確保するか考えているところです。バックヤードといっても、お客さまから完全に隠れているわけではないので、自分たちが休憩するスペースも確保すればよかったなと思いました。

カウンター席から
厨房の様子が丸見え

売り場よりも厨房を広めに確保したので、はじめは広すぎるかなと感じましたが、実際3人で働くにはちょうどよい大きさでした。オペレーションの見直しは随時行っていますが、最近の課題は、お客さまともう少し余裕をもって接すること。また、カウンターにお客さまが座ると、距離が近いので厨房が丸見えになってしまうこともあり、整頓と作業効率を両立できる配置やオペレーションを日々考えています。

開業で使える助成金を
活用できなかった

物件探しから開業まで急ピッチで進んだことに加え、自身の結婚や引っ越しもあって、オープンまではとにかく忙しくて。融資の資料を集めたりするのにも手間取ってしまい、開業の際に活用できる助成金や補助金について調べる時間の余裕がなく、ほとんど活用できなかったのが残念でした。新型コロナウイルス関連のものも含め、あとから調べたら使えるものがあったので、少しもったいなかったなと後悔しています。

実家の乾物屋の商品を
物販コーナーで販売

店内には物販の棚を設け、(寛史さんの)実家の乾物店「宝来屋」の商品を陳列。故郷の大分県や実家を盛り上げたいと思ってはじめた取組みですが、思いのほかお客さまの反応がよく、購入にも結びついています。最近は、若い方にも手にとっていただきやすいように、乾物を使ったサンドイッチも販売。乾物の包材もオリジナルデザインに変えているところです。今後は、ポップアップイベントなどもやっていきたいです。

ティー ウィズ サンドイッチ

グルメサンドイッチとこだわりの紅茶を提供。 下町情緒の残る街で愛される地域密着店

古本屋だった物件を改装。入口の扉は古本屋時代のままで、扉の木目調に合わせて内装をコーディネート。「地元に根づいた雰囲気を壊したくなかった」と保科さん。

東京メトロ根津駅から徒歩約6分の閑静な住宅街に、2021年8月、紅茶とサンドイッチの専門店「ティーウィズサンドイッチ」がオープンした。オーナーの保科 健さんは同店の近くにあるベーカリー「根津のパン」に勤務していたときから街の雰囲気を気に入り、近所の店にも顔を出していた。そのときに知り合った古本屋のオーナーから、近く移転するため物件が空くと聞き、開業を決意。大通りからは少しはずれたエリアながら、地元住民に愛されてきた店が多いため、「しっかりこだわりをもった店であればやっていけるのでは」と保科さんは考えた。

店づくりは細部にもこだわって温かみを演出

店づくりにあたっては、居抜きの古本屋の入口扉と同じ色や質感になるよう、店内の家具も木目調のものを選択。誰もが入りやすく温かみのある空間にするため、厨房機器の無機質な黒色や灰色が目立たないように、100円ショップで購入した人工観葉植物を冷蔵ショーケースに巻き付け、棚板には木目のシートを敷くなどした。また、営業してみると、予想外に収納棚が不足したため、余った空間にDIYで棚をつくるなどした。

　種類豊富な紅茶と、サンドイッチ、焼き菓子を販売する同店。ダージリンティー専門店「リーフルダージリンハウス」の茶葉を扱うなど、こだわりの紅茶を提供する。また、女性が食べやすいように小さめのサイズに仕立てたサンドイッチは、具材に野菜を多用した彩りのよさが特徴だ。

　主客層は30代～40代の女性。仕事の合間にさっと食べられ、ほどよい満足感のあるサンドイッチは、ランチ帯の売上げがもっとも高い。出勤前の会社員にも販売したいと朝6時から営業し

開業までの歩み

2002年～——高校卒業後、複数の飲食店でアルバイトをする。

2010年——食品衛生責任者資格を取得。

2012年1月～——たびたび海外を旅する。そのうちに、紅茶は世界の共通言語で、話のきっかけになることに気づき、興味をもつ。

2013年4月——フジパンストアー（株）の「モルパンつくば店」（茨城・つくば）に入店。約2年パンづくりに携わる。

2015年4月——キッチンカーで料理を提供する（株）スマイルダイニングで約10ヵ月調理担当としてアルバイト勤務する。

2016年1月——「ブーランジェベーグ」に入社し、川越店で約2年パンの製造を担う。同時期に「リプトン」が展開する紅茶教室で紅茶の淹れ方などを学ぶ。

2017年12月——「カヤバベーカリー」（東京・上野桜木）にサンドイッチの製造スタッフとして入社。約半年勤務。

2018年8月——カヤバベーカリーのシェフが独立開業した「根津のパン」（同・根津）でサンドイッチの製造担当として1年半働く。

2020年3月——キッチンカーで料理を提供する「リトルキッチンソレイユ」で約1年調理担当としてアルバイト勤務。キッチンカーでの開業を予定し、開業セミナーに通う。

2021年1月——東京・谷中の古本屋のオーナーから、4月に移転するので空き店舗を使わないかと連絡が来る。いずれこの場所をキッチンカー営業の拠点にしようと考え、開業することに。

2月——開業セミナーで知ったコンサルティング会社（株）M＆Aオークションに開業準備の手伝いを依頼。事業計画書の作成を一緒に行い、日本政策金融公庫からの借入れを進める。

5月——古本屋が4月末に退去し、物件を契約。

6月——コンサルティング会社から紹介された施工会社との打合せがはじまる。

7月——上旬に着工。中旬に機材の搬入を行い、下旬に工事完了。

8月——1日にプレオープン。15日にオープン。

5.4坪のもと古本屋の雰囲気を残し、収納棚は本棚をイメージした。人工観葉植物や木目シートを使い、温かみのある内装に。長年街に愛された店が多いこの地域に溶け込む店づくりを意識した。

焼き菓子はおもにスコーンを販売。通常の小ぶりなサイズ(150円〜)に加え、ひと口サイズのミニスコーンのセット(350円)が手軽に食べられると人気。プレーンのほか、ジンジャーや抹茶風味などをそろえる。

DATA

スタッフ数	常時1〜2人(オーナー1人、アルバイト約9人)
商品構成	サンドイッチ約10品、サラダ1〜2品、焼き菓子16〜20品、ドリンク6品
店舗規模	5.4坪
1日平均客数	平日30〜40人、土・日曜50人
客単価	1000円
売上目標	月商100万円
営業時間	6時〜15時、土・日曜、祝日 6時〜17時
定休日	月・金曜

ているが、新型コロナウイルス感染拡大の影響などで在宅勤務の人が増えたため、朝は当初予想していたよりもお客は少ないという。

開店時から徐々に品数を増やしながら1日に計約10品のサンドイッチを提供しているが、人気アイテムはつくったそばから売れていくことも多い。そのため、店頭の商品の写真を2時間おきにSNSに投稿。こまめにラインアップを紹介することで、集客につなげている。現在はサンドイッチが売上げの中心となっているが、「これからは紅茶や焼き菓子もアピールしていきたい」と保科さんは話している。

紅茶で蒸し焼きにした鶏を挟んだ「紅茶蒸し鶏と野菜のサンド」(450円)。クルミの食感とハチミツの甘味が特徴の「サンドイッチ屋さんのキャロットラペ」(350円)。「リーフルダージリンハウス」の茶葉を使った「水出しアールグレイ」(350円)。

もとの古本屋の雰囲気を残して、地元に溶け込むぬくもりのある店に。
将来的にはキッチンカー営業の拠点にしたいと考えています

オーナーの保科 健さんは、1984年茨城県生まれ。複数の飲食店でアルバイトをしたのち、ベーカリーチェーン店に勤務。「根津のパン」（東京・根津）でサンドイッチの製造担当を務めたのち、2021年8月に独立開業。

ある日のタイムテーブル

0：00	出勤。発注業務、スタッフへの連絡、事務作業など
1：00	サンドイッチの仕込みと焼き菓子の製造
5：00	開店時に陳列する商品の準備
6：00	開店／以後、14時すぎまでサンドイッチの製造・販売
14：00	製造終了後、片付け・清掃
15：00	閉店／買い出しなど翌日の営業の準備
19：00	帰宅

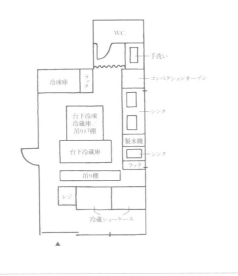

5.7坪

開業投資額

990万円

物件取得費	70万円
内外装工事費	300万円
厨房設備費	300万円
什器・備品費	100万円
コンサルティング費	20万円
運転資金	200万円

吊り戸棚の裏の
デッドスペースも有効活用

木材をかませて作業台の高さを調整。
できた隙間は収納スペースに

ドリンク用の道具類は
売り場のすぐそばに

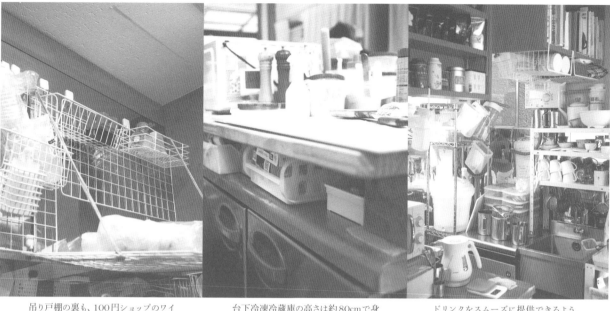

吊り戸棚の裏も、100円ショップのワイヤーネットやマグネットフックで収納場所をつくり、重量の軽い包材を収納。紐でつったワイヤーネットをあえて手前に出っ張らせて、背の低い人でも取り出しやすくした。

台下冷凍冷蔵庫の高さは約80cmで身長170cmの保科さんには少し低い。そこで、高さ9cmの木材をすべり止めシートで固定し、その上に木の板を置いて、高さを調整。作業台と板の間の隙間は収納スペースとして活用している。

ドリンクをスムーズに提供できるよう、茶葉などはショーケースのすぐ後ろに用意。テイクアウト用の紙コップは上部の吊り戸棚に、湯を沸かす卓上IHコンロもショーケースそばに置いて、ドリンクの作業スペースもある程度確保した。

コンサルティング会社に
開業準備を手伝ってもらう

インスタグラムの広告で見つけた開業セミナーで知ったコンサルティング会社に依頼し、開業準備を手伝ってもらうことに。事業計画書を作成するにあたってアドバイスをもらったり、開業資金の借入れに際して審査が通りやすいように導いてくれたり、話をつけてもらったり……。また、飲食店の施工実績が多い施工会社も紹介してもらいました。当時アルバイトなどをしていて時間がなかったので、助かりました。

具体的なイメージが
なによりも大事

店が完成して、いざ全体を見てみると、店内がかなり殺風景なことに気づきました。冷蔵ショーケースと厨房の間に壁などがまったくないため、入口から厨房が丸見え。慌てて施工会社にお願いして、売り場と厨房の境の天井に吊り戸棚を設置してもらいました。包材を収納する場所ももっと必要でしたし、最初の内装の計画段階で、何が必要か、もっと細かい部分まで明確にしておくべきだったなと思いました。

サンドイッチ目当ての
お客が多く、コンセプト変更

もともとは、1杯ずつ淹れた紅茶を提供し、一緒にサンドイッチなどを買ってもらうかたちを思い描いていました。ですが、「根津のパン」出身だということをご存知の方のクチコミなどで、オープン当初からサンドイッチ目当てのお客さまが多かったんです。サンドイッチの製造で忙しいため、当初の予定を変更し、夏場は水出しの紅茶を提供しています。いずれは淹れ方にこだわった紅茶を提供していきたいです。

スタッフ管理業務の
負担が大きい

開業直後から予想以上の客数だったため、当初予定していた1人で営業するスタイルはなかなか難しいと実感し、アルバイトスタッフを募集することに。かなりの応募があったので多めに雇ったのですが、シフトの調整や教育、給料の計算などアルバイトの管理業務に思いのほか時間をとられ、自分の負担がかなり増えてしまいました。なかなか製造に集中できず、かえって効率が悪くなってしまい、少し反省しています。

こんなスイーツ&フードが人気です

カフェなどイートインが主体の業態でも、コロナ禍で多くの店がテイクアウトに挑戦し、
売上げアップにつなげています。人気のテイクアウト商品と売り方の秘訣を聞きました。

P.24

ヒロミ アンド コ
スイーツ アンド コーヒー の
パウンドケーキ

日持ちする手軽な
手みやげとして人気上昇中!

朝食用に購入するお客もいる人気商品。カソナードを用いた味わい深い生地は、ベーキングパウダー不使用で、しっとりとして口溶けがよい。写真手前は、自家製オレンジコンフィがたっぷりと入った「オレンジケーキ」。奥は、追熟させた完熟バナナとマダガスカル産バニラを合わせた「完熟バナナバニラ」。どちらも税込400円。なお、パウンドケーキのフレーバーは時季によって変わる。

P.56

ラトリエ ア マ ファソン の
バスクチーズケーキ

物販メニューは絞り込んで、
独自性を訴求

フィナンシェやジャム、チーズケーキなどを不定期で販売。想像以上の人気だが、あくまでデザート専門店であることを大事にしたいと、数を絞っているという。写真は、抹茶や燻製など多様なフレーバーで人気の1品。取材時は、5種類の卵でつくり分けたチーズケーキ5ピースを組み合わせたホールタイプも販売。(500円、ホール5000円)

P.104

プティ パルク の
パティーメルトサンド

テイクアウトでも食べやすい
大きめのパンを使用

在宅勤務の女性客の持ち帰り需要を見込み、アルファルファなどのたくさんの野菜と脂質が少なく、やわらかい肉質のパティを挟んで、ヘルシーに仕上げた。食べやすさにも配慮し、東京・国分寺のベーカリー「木もれび」に特注したサイズが大きめのイギリス食パンを使用。付合せは、ポテトかデリを選べる。(1134円)

P.28

菓子屋 ヌック の
フルーツサンド

SNSで販売を告知。
店頭には並べない人気商品

季節の果物と、マスカルポーネチーズを30%配合した生クリームを挟んだ「フルーツサンド」は、当日の朝につくって数量限定で販売する人気商品で、夕方には売りきれになることも。冷蔵ショーケースを設けていないため、サンドイッチは店頭には並べず、インスタグラムで販売を告知している。(800円~)

P.88

グルファ の
パセリバター の
チーズバーガーサンド

主力商品のサンドイッチは
ボリューム満点

フライドポテトを添えて提供するサンドイッチはすべてテイクアウト可能。一番人気の「パセリバターのチーズバーガーサンド」は、パセリを練り込んだバターで焼いたライ麦入り食パンで、トマトや赤タマネギ、白ネギなどをオリーブオイルとヴィネガーで和えたサラダとオージービーフ100%のパティを挟んだ。(1200円)

P.112

フルミナ の
スコーン

バターの風味豊かな
「毎日食べたくなる」スコーン

菓子はほぼすべてテイクアウト可能だが、とくにスコーンが人気だ。オーナーの冨岡さんが焼くスコーンは、「毎日食べたくなる味」がコンセプトで、外はサクサク、中はフワッと軽く、食べやすいのが特徴。インスタグラムに記載している「温め方」をチェックすれば、家庭でも店で食べるのと変わらないおいしさを再現できる。(350円)

カフェ シヤントの
ヴィクトリアサンドウィッチ

クチコミで広がり、
目的客を吸引

イギリス伝統菓子のアレンジ。独自に開発した保水性の高い生地に、ミルクジャムとラズベリージャムをサンドした。珍しくてかわいい見た目が雑誌やクチコミで評判となり、目的客を呼んでいる。焼き菓子はレジ横に陳列。会計を先にするためコーヒーとともに購入しやすいことも奏功し、テイクアウト利用は売上げの4割を占める。（380円）

ノヴァ　珈琲と焼菓子の
ブラウニー

コーヒーに合う
焼き菓子も人気を牽引

「どっしり重すぎない、軽い口あたりと飽きのこない味をめざしました」と製菓担当の宮本みゆきさん。カカオ分45％のベルギー産ミルクチョコレートを使い、外はさっくり、中はしっとりとした食感に。深めにローストしたクルミがアクセントだ。テイクアウト可能な焼き菓子は計5品。いずれもコーヒーに合う味わいを追求している。（460円）

スイートオリーブ 金木犀茶店の
黒糖となつめのマフィン

中国茶や薬膳素材を使った
オリジナル菓子が好評

甘さを極力控え、素材のもち味を生かしたマフィンやシフォンケーキ、タルトなどの焼き菓子、ムースなどの生菓子を日替わりで4品用意。中国茶カフェらしく、乾燥ナツメなどの薬膳素材を使った菓子や、中国茶の茶葉入りのもの、店名にちなんで金木犀のフレーバーを加えたものなどをそろえる。テイクアウト利用はお客の約3割。（430円）

ラッティエーラの
カヌレ

コーヒーと一緒に
“ついで買い”を誘引

テイクアウト利用は売上げの1割弱で、内訳としては圧倒的にコーヒーが多い。焼き菓子は日によって内容が替わり、メニューには載せていないが、「今日はカヌレがありますよ」などと提案すると、コーヒーを注文したお客が追加で買うこともあるという。手ごろな価格に設定することで、ついで買いを訴求している。（350円）

スタン コーヒー＆ベイクの
スコーン

根強いファンを獲得し、
連日完売する売れ筋商品に

全品テイクアウト可能だが、なかでも人気なのが、発売後すぐにファンを獲得した「スコーン」。外はサクッと歯切れよく、中はしっとりとした食感が魅力だ。焼成前に㈱杉養蜂園の「メープルハニー」を塗って風味に深みを出している。このほか、チョコチップやエスプレッソを加えたスコーンも不定期で登場する。（300円）

小さなカフェ、
コーヒースタンド＆バー

プティ パルク

サンドイッチ×焼き菓子。
夫婦2人の強みを掛け合わせて店を営む

陽光が降りそそぐ明るい店内。「店の中にいても、外でピクニックをしている気分になれるように」とガラス張りの引き戸を設置した。厨房は、お客の顔がよく見えるよう、床を高くした。

京王線仙川駅から徒歩約3分。親子連れでにぎわう公園の近くに、2020年11月にオープンした「プティ パルク」。「店名は『小さい公園』という意味です。お子さんからお年寄りまで、幅広い年齢層の方が集まる場所になればいいなと思って」と、オーナーの安田裕司さんは話す。

「当初、店は夫婦2人でやっていくつもりだったので『一人ひとりのお客さまと対話して、心のこもった料理を出せたらいいね』と話し合って、あまり広すぎず、キッチンからお客さま全員のお顔が見えるような15坪くらいの広さの物件を探しました。仙川は、高いビルがないため空が広く、公園もあって、私たちにとって理想的でした。丸1年間、季節ごとにこの地域に来て、誰のためのどんな店にしようかとイメージを膨らませました」と裕司さん。しかし、2年経ってもよい物件に巡り合えず、仙川での開業を諦めかけていたところ、偶然に現物件が空くことを知り、即契約。約9ヵ月かけて開業準備を進めた。

「私たちも1歳の息子がいるので、子育てでの経験も取り入れて、子どもがいても遠慮なく入れて、リラックスできるお店をめざしました」と話すのは、妻の国子さん。15坪の店内の内外装工事は㈲K+に依頼。道路に面していたはめ殺し窓は大きなガラス張りの引き戸に変え、外でピクニックをしている気持ちになるような開放的な空間にした。また、ベビーカーでも入りやすいよう、入口の引き戸は上から吊るして段差をなくし、テーブルの間隔は広めにとった。

女性や子どもが食べやすいメニューに

店では、ハンバーガーの名店「アームズ」（東京・代々木公園）で8年間、「丸山珈琲」（長野・軽井沢）で2年間修業を積んできた裕司さんがサンドイッチとコーヒーを担当。入口近くの陳列台に

開業までの歩み

2007年——裕司さんは21歳から8年間、東京・代々木公園のハンバーガー専門店「アームズ」に勤務。自分の店をもちたいと思うようになる。

2015年——裕司さんはコーヒーの勉強をするため、長野・軽井沢の「丸山珈琲」で2年修業。

2017年——東京に戻り、開業準備をスタート。仙川エリアを中心に物件探しをはじめる。友人だった国子さんと再会し、結婚。

2018年——裕司さんは異業種に勤めて開業資金を準備するかたわら、東京・府中にある自宅のガレージで、フレンチプレスのコーヒーやホットドッグを提供する週末限定のカフェを運営。

2019年秋——東京・仙川にある2軒の物件に申し込むが、どちらも飲食店であることが敬遠されて決まらなかった。

2020年3月末——物件探しのエリアを広めようかと悩んでいたときに、狙っていた現物件が空き物件となる。

4月——オリンピック開催に合わせ、夏ごろの開業を決意。現物件を契約するが、そのあとすぐに新型コロナウイルスによる緊急事態宣言が発令される。当初のスケジュールを後ろ倒しに。

9月——内外装工事スタート。

10月末——工事終了、物件引き渡し。

11月——厨房機器が入り、試作を開始。同時に、収納棚などの設置を行う。17日にプレオープン。20日にオープン。

オーナー
安田裕司さん

国子さん

店舗の隣に公園があり、人通りが多いエリアに建つ同店では、テイクアウトの売上げが全体の4割を占める。店の前には、提供までの待ち時間用のベンチを設置した。

スイーツはおもにコーヒーにも合う素朴な焼き菓子をラインアップ。国子さんが毎朝焼き上げている。定番の「キャロットケーキ」や「パウンドケーキ」に加え、週替わりで「チーズケーキ」や「ガトーショコラ」なども提供。平日は4品、土日は6品程度を並べている。

DATA

スタッフ数	5人（うちアルバイトスタッフが3人）
商品構成	サンドイッチ17品、ドリンク22品、スイーツ4〜6品
店舗規模	15坪（厨房3坪、カフェスペース9坪12席、テラス3坪4席）
1日平均客数	50組
客単価	1600円
売上目標	未設定
営業時間	11時〜20時（19時L.O.）、土・日曜、祝日10時〜20時（19時L.O.）
定休日	月曜（月曜が祝日の場合は営業、火曜休）

は、「カフェ デ デリス」（東京・銀座、現在閉店）で2年間、「ローズベーカリー」（同・吉祥寺、現在閉店）で4年間、パティシエとして勤務した経験をもつ国子さんがつくる焼き菓子が並んでいる。サンドイッチは野菜を多めにし、女性でも食べきれるボリュームを意識。焼き菓子は、子どもも食べやすいよう、スパイスを控えめにして、キビ糖でやさしい味わいに仕上げている。「僕たちはずっと店に立っていたい。地元の人とのつながりを大切にしながら、アットホームで気軽に入れる店を長く続けたいですね」と、地域に根ざす決意を語ってくれた。

一番人気の「アボカドサーモンwithポーチドエッグ」（1045円）は、ワインビネガーとディルでさわやかな風味をまとわせたキュウリと、濃厚な味わいのサーモンが好相性。パンは近所の人気ベーカリー「アオサン」のイギリスパンを使用。コーヒー（495円〜）は、「丸山珈琲」から豆を仕入れ、フレンチプレスで抽出している。

ピクニックをしているような気分になれる開放的な空間に。
子どもと一緒にゆっくり過ごせるお店にしたいです

オーナーの安田裕司さんは、1986年埼玉県生まれ。「アームズ」(東京・代々木公園)、「丸山珈琲」(長野・軽井沢)で修業し、同店ではサンドイッチとコーヒーを担当。国子さんは「カフェ デ デリス」(東京・銀座。現在閉店)、「ローズベーカリー」(同・吉祥寺。現在閉店)で焼き菓子製造の経験を積む。2017年に結婚し、20年11月に開業。

ある日のタイムテーブル

8：00	国子さん出勤。ケーキの仕込みを行う
9：00	裕司さん出勤。サンドイッチの具材や付合せのデリの仕込み、コーヒーの試飲やテーブルセットなどの開店準備を行う
11：00	開店／アルバイトスタッフ出勤。12時〜14時はランチ営業のピークタイム
14：00	交代で休憩をとる
15：00	カフェタイム／国子さん帰宅
17：00	翌日ぶんの仕込みを行う
19：00	閉店／アルバイトスタッフ帰宅。片付け・清掃、在庫の確認・発注作業
20：30	裕司さん帰宅

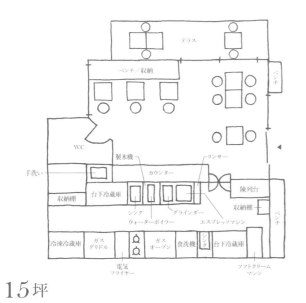

15坪

開業投資額
1400万円

物件取得費	250万円
内外装工事費 (ガス・電気工事費を含む)	650万円
厨房設備費 (リース機器を除く)	260万円
その他	240万円

作業効率を考え抜いた こだわりの厨房

ウォーターボイラーを導入して 提供までの時間を短縮

カフェスペースは ベビーカーでも入れる広めの設計

3坪の厨房は、通路の幅を狭めの70cmにして、無駄な移動がなく、効率よく作業できる動線に。コーヒーの抽出中に、立ち位置を変えずに洗いものができるよう、エスプレッソマシンの後ろに食洗機とシンクを設置。厨房機器は、山下厨機(株)でそろえた。

カーティス社のウォーターボイラー(写真奥)を設置し、湯を沸かす時間を短縮。また、ミルクピッチャーは、専用の洗浄機(リンサー)を置いて簡単に洗えるようにし、ストック数を減らした。エスプレッソマシンとグラインダーはトーエイ工業(株)のリースでまかなう。

9坪のカフェスペースは、ベビーカーも通りやすいよう、テーブルの間隔を広めにとり、通路を広くした。新型コロナウイルス感染防止対策としてカウンター席はつくらず、3坪のテラス席にはベビーカーを置くスペースを確保。ベビーカーをつなぐチェーンも貸し出している。

大変でした

反省しました

想定外でした

これで集客UP

慣れないカフェの運営で 労働時間が15時間に

開業当初は、8時に出勤し、9時30分に開店していました。営業中は仕込みの時間がとれず、営業終了後に翌日ぶんの仕込み作業をはじめて、23時ごろに帰宅する日々が続き、疲労困憊。新型コロナウイルスによる緊急事態宣言の影響で、時短営業にして開店時間を11時に遅らせてからは、仕込みを午前中に終わらせ、気持ちに余裕をもって接客ができています。

可能な限り 収納スペースを設けたが、 それでも不足

サンドイッチが思いのほかよく売れることもあって、冷蔵庫のキャパシティが不足。食材は一度に大量に注文したほうが安くすむのですが、保管場所がないのでこまめに材料を発注しています。また、ベンチの下などできるだけ収納スペースをつくったつもりでしたが、やはり包材の置き場が足りず、これも同様になくなったぶんをこまめに発注しています。

電気とガスの容量が 足りない事態が発生

物件引き渡しの少し前に、電気容量が足りないことが発覚。容量を15アンペア上げ、オーブンや鉄板をガス式に変更しました。すると、今度は使用予定だった都市ガスの容量が不足し、プロパンガスにすることに。当初の見積もりより50万円ほど高くなったうえに、厨房機器の導入もオープンの2週間前とギリギリになってしまいました。

店の前にメニュー表の チラシを置いて、 集客アップを図る

人通りが多い場所なので、外にテイクアウトメニューを貼り出し、メニュー表のチラシも置いています。メニュー表を持ち帰った方が、来店してくださることもよくあります。公園が近いため、子ども向けに、自家製のレモネードなどのソフトドリンクやソフトクリームも提供しています。

カフェ　サツキ

手づくりスイーツとワイン。
夫婦2人の得意分野を生かして
子どもから大人までくつろげるカフェに

東武伊勢崎線五反野駅から徒歩約1分。ガラス張りの店舗は大型スーパーの緑化壁に面しており、借景としてツタの緑が望める。

2021年8月、東京・五反野にオープンした「カフェ サツキ」。オーナーは、鉄板焼き店の店長を長年務め、ソムリエ資格をもつ綱島都夢さんと、人気カフェで製菓を担当していた妻の五月さん。綱島さん夫妻の人柄と五月さんがつくる菓子の味わいが評判を呼び、常連客を増やしている同店だが、じつは「2人で店をはじめるつもりはあまりなかった」と都夢さんは話す。

「もともと僕の目標は鉄板焼き店を開業すること。そして、いつか五月の感性を生かした店も開き、そのサポートができたらと思い描いていました。五月も勤めていたカフェをすぐ辞める予定はなく、互いの仕事に邁進していたところ、コロナ禍の影響で僕の勤めていた店が閉店することに。一時は店を譲り受けて鉄板焼き店を開業することも考えましたが、コロナ禍での経営を考え、テイクアウトでも売上げが見込めるカフェを2人ではじめることにしたんです」。

2人がめざしたのは「菓子をメインに、ワインも気楽に楽しめるカフェ」。自宅のある東武線沿線で10坪程度の物件を探し、現物件を取得したのは21年5月のことだった。

「内装は海が見えるホテルのラウンジやヨーロッパのネオカフェをイメージ。客席は15席ほしかったのですが、ショーケース前にテイクアウト用のスペースを確保するため12席とし、1日100個程度の菓子を製造できる厨房設備をととのえました」。ワインセラーとワイングラスの棚をカフェスペースに設置し、ワインも楽しめる空間であることを、さりげなくアピールした。

ラインアップは頻繁に入れ替え

メニューの主役である生菓子と焼き菓子は計約10品を提供。
「日常のおやつに向く、素材を生かしたやさしい味に仕上げてい

開業までの歩み

2003年〜──都夢さんと五月さんはアルバイト先の居酒屋で出会う。その後、都夢さんは数店の鉄板焼き店に勤務し、25歳で店長に。ソムリエ資格を取得する。五月さんは2008年から東京・北千住「カフェ わかば堂」に勤務し、製菓を担当。2015年に結婚。

2017年〜──長女が誕生。五月さんは産休を経て職場に復帰。2018年10月からは、東京・北千住にある「カフェ 寛味堂（当時は寛美堂）」の製菓と広報を務める。

2021年1月──新型コロナウイルスの影響で休業や時短営業、酒類の提供中止などが続き、通常営業できる日が1年間で3ヵ月にも満たない状況となり、都夢さんが勤務する鉄板焼き店が閉店することに。店舗を引き継いで独立するか、新たに店舗を開業するか迷った末、2人の得意分野を生かしてカフェを開業することを決意。物件探しをはじめる。

3月──鉄板焼き店が5月に閉店することが決まり、物件探しを本格化。①集客力のある施設が近隣にある　②自転車で来店しやすい　③大通りから1本入った閑静な立地　④1人体制でも営業できる10坪程度という条件をもとにインターネットで物件探しを行う。「カフェ 寛味堂」などの設計・施工を手がけたイトウケンチクの伊藤航氏に内見に同行してもらい、設備面や立地面でアドバイスをもらう。

4月──現物件に出合う。大型スーパーの緑化壁に面した9坪の物件で、立地的にも広さ的にもほぼ希望通りだったことから、5月に物件を取得。設計・施工を伊藤氏に依頼し、6月に着工。五月さんは6月末でカフェを退職。

8月──2日にオープン。新型コロナウイルスの感染状況を考慮し、告知はいっさい行わなかった。2022年3月、新型コロナウイルスの影響で延期していた、都夢さん担当のバータイムを本格始動。週2日、金曜と土曜の夜にワインとつまみの提供をスタート。周辺住民の間にクチコミで広まり、リピーターが増えている。

コロナ禍のなかでカフェを開業した綱島さん夫妻。「ホテルのラウンジやヨーロッパのネオカフェをイメージした」という内装は、白を基調としたすっきりとしたデザイン。吊り戸棚は設けず、壁面収納も最小限にして、居心地のよい空間をつくり上げた。

カフェスペースは6坪。大理石柄の長方形のテーブルと丸テーブルを配置。壁の一面のみワインをイメージした色の壁紙を貼り、アクセントに。

ます」と五月さん。常連客を飽きさせないよう、商品は頻繁に入れ替え、毎日インスタグラムで当日の品ぞろえを発信している。

テイクアウトとイートインの売上比率はほぼ半々。22年春には、延期していた都夢さん担当の週末限定の夜のバータイムも本格的にスタートし、近隣のワイン好きのお客に喜ばれている。

DATA

スタッフ数	2人
商品構成	生菓子6品、焼き菓子4品、ソフトドリンク8品、グラスワイン5〜8品、日本酒2〜3品
店舗規模	9坪（厨房3坪、カフェスペース6坪・12席）
1日平均客数	20人
客単価	1600円
売上目標	月商100万円
営業時間	11時30分〜20時、金・土曜11時30分〜17時、18時45分〜22時45分
定休日	水・日曜、祝日

パート・シュクレにクレーム・シャンティや季節の果物を盛った「フルーツ・プチタルト」（650円）。菓子はチーズケーキ、マフィンなど約10品をラインアップ。「カフェオレ」（530円）などソフトドリンクは8品を用意している。

菓子をメインに、ワインも気軽に楽しめるカフェに。
内装は、ホテルのラウンジやヨーロッパのカフェをイメージしました

オーナーの綱島都夢さんは、1983年東京都生まれ。鉄板焼き店の店長を10年以上
務め、ソムリエ資格を取得。五月さんは82年東京都生まれ。東京・北千住「カフェ わか
ば堂」などでパティシエとして活躍。2021年8月に菓子をメインにしたカフェを開業。

ある日のタイムテーブル

8:00	五月さん出勤。生菓子・焼き菓子を製造し、ショーケースに陳列
	都夢さんは自宅にてケーキ・焼き菓子の値札やドリンクメニュー、チラシなどを作成
9:00	都夢さん、銀行で入金や振り込み、両替
9:30	都夢さん出勤。開店準備。店内の掃除や、作成した値札やチラシをセット
11:30	開店／都夢さんは接客、ドリンクの用意。五月さんは生菓子やキッシュなどの製造・仕込みを行う
17:00	五月さん帰宅
20:00	閉店／片付け・掃除、帳簿記入
21:30	都夢さん帰宅

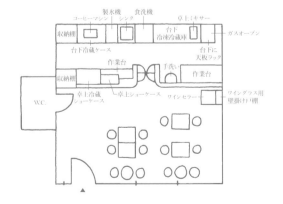

9坪

開業投資額
1200万円

物件取得費	100万円
内外装工事・厨房設備費（一部什器・ガラス窓含む）	880万円
什器費（テーブル・椅子・照明・ショーケースなど）	100万円
備品・消耗品など	120万円

**ドリンク製造と菓子製造の
エリアを分け、中間に出入口を設置**

**ガスオーブンの下に
ぴったり収まるラックを特注**

**厨房の作業台の下は
あえてフリースペースに**

カフェスペースより14cm高い段差を生かした厨房は3坪。ドリンク製造や接客時の動線を最短にするため、菓子製造スペースとドリンク製造・販売用のスペースを左右にふり分け、中間にスイングドアを設置した。

「以前カフェで働いていたときに、焼き上がった菓子の置き場に困ることがあったので、オーブン台を兼ねた天板ラックを特注しました」と五月さん。オーブンはリンナイのガスオーブン（5枚ざし）を使用。天板ラックは10枚ざし。

製菓用の作業台の下は、必要に応じて変えていけるよう、フリースペースにしている。現在は「無印良品」で購入したボックスを置き、粉類やナッツなどを収納。収納スペースと鮮度を考慮し、材料は少量袋を通販で購入している。

**販売用エリアを確保し
テイクアウトを強化**

コロナ禍で経営を安定させていくにはどんな店にすればよいか、2人で話し合い、ケーキと焼き菓子がメインのカフェを開業することに。テイクアウトで売上げが立つ店にしたかったので、ショーケースを入口正面に配置し、菓子をゆっくり見て注文できる空間をケース前に確保しました。イートインのお客さまも同じ場所で注文していただくかたちにしたので、僕1人で販売とドリンク製造をこなすことができています。

**ランチは提供せず、
資金と労力を節約**

ランチ営業も検討しましたが、そうなると厨房設備を充実させる必要があり、スタッフを雇うと人件費もかさむことから「ランチはやらないのが吉」と判断。加熱調理器はオーブン、電子レンジ、卓上IHのみ導入しました。現在は金曜と土曜夜のバータイムにハムやチーズなどの軽いつまみを用意し、平日は野菜のマリネなどを盛り合わせたキッシュプレート（950円）を提供していますが、今のところは問題なく営業できています。

**ガラス窓に換気用の
高窓を付ければよかった**

抜け感がほしかったので、ファサードは全面ガラス張りに。デザイナーさんから高窓付きにもできると言われたのですが、予算の関係もあって現在のかたちにしました。ただ、実際に営業してみると、開口部が入口扉だけだと換気が弱いことがわかって……。少しの差なら高窓付きにすればよかったと思っています。コンセントも必要だと思う場所にだけ付けたのですが、付けられるところには全部付けておけばよかったです。

**"見せない収納"を徹底。
シンクは2槽がおすすめ**

すっきりとした空間に見せたくて、吊り戸棚は設けず壁面収納も最小限に。"見せない収納"を心がけています。動線を考え、シンクと食洗機は厨房中央に配置しましたが、スイングドアが目隠ししてくれます。食洗機を入れたのでシンクは1槽で大丈夫だろうと考えていたのですが、下げた皿をシンクに置くと、すぐに満杯に。2人の洗いもののタイミングが重なることもよくあるので、シンクは2槽にすればよかったですね。

フルミナ

路地裏の"都会のオアシス"。
お客との距離感も大切にして
癒しの時間を提供する

冨岡さんのお気に入りの映画館や本屋がある東京・渋谷を開業場所に選んだ。奥まった路地に建つビルの3階なので、視認性は低いが、事前にSNSなどで調べて来店する目的客がほとんど。入口にあるレモンの木は友人からの開店祝い。フルミナのシンボルツリーだ。

渋谷駅から徒歩約10分。青山通りから少し入った路地に建つ雑居ビルの3階に、2020年11月、「フルミナ」がオープンした。フルミナ（Flumina）はラテン語で「流れ」という意味。「水の流れみたいに自由で健やかで、心を解放してゆっくりと過ごせる店をイメージしています」とオーナーの冨岡公博さん。同店では、スコーンなどの「日常のふとしたときに食べたくなるやさしい味わい」のスイーツ5品とドリンク7品を提供している。

　冨岡さんは約18年間、複数の店舗でカフェの運営を経験。その後、食の感度が高い人が集まる東京・幡ヶ谷で開業をめざしたが、新型コロナウイルスの影響で白紙に。一度は開業を諦めようかと悩んだものの、緊急事態宣言明けの20年10月に現物件に出合い、約1ヵ月半でオープンにこぎ着けた。「店が狭すぎると店員の動きが目について、コンセプトの"居心地のよさ"が提供できないのではと、8〜10坪の物件を探していました。まさに理想の物件を見つけたと思ったら、コロナ禍と重なり、家族からは頼むからやめてくれと猛反対されました（笑）。それでも開業への思いを断ち切れず、プレゼンをして家族を説得しました」と当時をふり返る。

　「工事開始がオープンの1ヵ月前、引き渡しはプレオープンの3日前で、試作の余裕もありませんでした。プレオープンの午前中に、友人総動員でテーブルにニスを塗り、僕は開店15分前に買い出しから戻るという感じ。しっかりスケジュールを立てたつもりでしたが、無茶苦茶でした（笑）」

忙しさを感じさせない接客をつねに意識

開業後は、SNSを見た20代〜30代の女性を中心に、客数は順調に伸長。営業中は接客と調理で忙しいが、かならず心を込め

開業までの歩み

1997年——大学在学中に大阪・千里の「マザームーンカフェ」でホール兼キッチンスタッフのアルバイトとして働く。大学卒業後、同カフェに3年半勤務。

2002年——友人がオープンしたバーの経営に1年携わる。

2003年——友人が店長を務める大阪・中津のカフェ「ムーグ」に4年勤務。

2007年——異業種での経験を積もうと、雑貨の企画会社で企画・営業職として3年勤務。

2010年——大阪・北浜の「エルマーズグリーンカフェ」などを展開する（株）カフーツに入社。複数の店舗のエリアマネージャーや店舗開発を10年担当。2019年4月に転勤で上京。

2020年3月——（株）カフーツを退社。

夏——物件探しをスタート。東京・幡ヶ谷の物件を仮押さえし、あと書類1枚で契約というところまで話を進めたが、新型コロナウイルスの流行で保留に。

秋——家族からの反対もあり、一度は思いとどまったものの、開業を決意。

10月——不動産会社をまわって40件以上の物件を見た末、現物件に出合い、契約。15日に内外装工事スタート。

11月——厨房機器が入る。10日に工事が終了し、物件の引き渡し。13日にプレオープン。16日にオープン。

オーナー 冨岡公博さん

壁の色は、店のコンセプトを変えたいときにも難なく
対応できるよう、白を選択。座面が回転する「HAY」
のスツールは長時間座っても疲れないと評判だそう。
生花は同じビルの4階にあるフラワーショップ「コシ
ョン」で購入。ヴィンテージランプは京都の照明専
門店「アルセ」にコーディネートを依頼した。

て感謝の気持ちを伝えているという。また、カップの色はお客の
洋服の色に合わせて選んだり、季節や天気に合わせて店内の音
楽を変えたりと細かな配慮も欠かさない。

　「元気なときにしか行けない店にならないよう、お客さまとは
適度な距離を保っています」と冨岡さん。「お客さまの心情に寄
り添う店でありたい。初心を忘れないで、また来たいと思っても
らえる店に育てたいですね」と語る。

DATA

スタッフ数	1人
商品構成	スイーツ5品、ドリンク7品
店舗規模	7.8坪(厨房2.5坪、カフェスペース5.3坪・13席)
1日平均客数	非公開
客単価	1300円
売上目標	未設定
営業時間	12時〜17時(16時45分L.O.)
定休日	日・水曜

「ジンジャーキャロットケーキ」(650円)は、重くなりすぎないように上面のクリームチーズ
の量を調整。「コーヒー」(650円)は、石川・能登の「二三味珈琲」や、大阪の「エルマー
ズグリーン」の焙煎豆を使用。カップは東京・目黒の「テトセラミックス」に特注した。

生活感を出さない店づくりを徹底して、
お客さまも、私自身も、心が安らぐような空間をめざしました

オーナーの冨岡公博さんは、1976年大阪府生まれ。大阪・千里の「マザームーンカフェ」、同・中津の「ムーグ」、同・北浜の「エルマーズグリーンカフェ」などで店長やエリアマネージャーを務め、経験を積む。2020年11月に独立開業。

ある日のタイムテーブル

9:00	出勤。スイーツ類の仕込みや、ケーキやスコーンなどの焼き菓子の焼成、ランチの仕込み作業などを行う。余裕があれば新商品の試作も行う
	開店準備。掃除、観葉植物の水やり、生花を飾る
12:00	開店／接客をしながらスイーツ類の仕込みを続ける
	当日焼き上げたケーキやスコーンなどの写真をインスタグラムにアップ
17:00	閉店／仕込みを続ける
19:00	帰宅

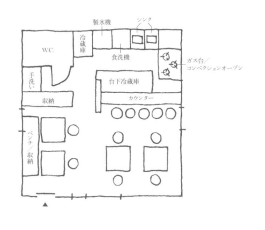

7.8坪

開業投資額

715万円

物件取得費	135万円
内外装工事費	300万円
厨房設備費	100万円
什器・備品費	80万円
運転資金	100万円

ものが増えることを見越して
収納棚は多めに設置

ショーケース代わりの冷蔵庫で
選ぶ楽しみを提供

厨房は1人で効率よく作業
できるレイアウトに

キッチンに生活感が出ないよう、天井付近などに吊り戸棚を付けるなど、空いたスペースには思いつく限り収納棚を設けた。カウンターと台下冷蔵庫の隙間には、利用頻度の高いナッツなど、トッピング用の素材を収納。

お客との会話のきっかけになるようにと選んだホシザキ（株）のガラスドアの冷蔵庫には、世界各地のナチュラルワインなどをラベルがよく見えるようにととのえて陳列。その上にはWi-Fiの配線を隠せる棚を設置して、空間を有効活用。

内外装工事は（株）sa-jiに依頼。焼き菓子に向くと感じたという（株）マルゼンのコンベクションオーブンを導入した。また、自身も快適に仕事できるよう、厨房に椅子を置いている。厨房からも見える店の入口には観葉植物を配置。

インスタグラムの
ストーリーズをうまく活用

あるメニューを目的に来てくださったお客さまがいたのですが、その日はつくっておらず、残念な気持ちでお帰りいただいたことがありました。そこで、毎日営業前に当日出せるメニューをインスタグラムのストーリーズで告知したり、人気商品のランキングや各商品の説明をくわしく書いて投稿するように。新メニューもインスタグラムでお知らせしています。

メニュー構成は
無理をしすぎない

開業当初はスイーツのほか、ランチタイムに定食を提供しようと思い、おかずとスープをつくっていましたが、仕込みにも提供にも時間がかかってしまい、お客さまをお待たせすることも。自分が楽しんで営業できることを念頭に、当面はスイーツを中心にしてメニュー数を絞り、余裕ができたら定食を再開するというスタンスにしました。

居抜きでも、そのまま
使えない箇所も多々

店舗はもとお好み焼き店の居抜き物件で、内装や設備はそのまま生かすつもりで考えていましたが、工事の途中で、洗面台や換気扇など、取り替えが必要な箇所が多いことが判明。もともと設置してあった冷蔵庫も、実際に使ってみると、使いにくいことがわかって急遽取り替えることになりました。開業費用が当初の見積もりよりも100万円ほど高くなってしまいました。

1人でやろうと思わずに
周りの人に協力を
仰ぐことも大事

僕はもともと誰かにものを頼むことが得意ではなかったのですが、店をつくるにあたってはそうも言ってられず、オリジナルカップの製作やロゴデザインなどは各方面に精通した友人に相談しました。ほかにも、壁の塗装やプレオープンの準備など、1人でできないことは友人に協力をお願いしました。皆心よく手伝ってくれて、今でもよく店に遊びに来てくれます。

カフェ シヤント

こだわりのコーヒーと、焼き菓子。
静かな住宅街にありながら遠方からも集客

角地の立地で、二面のガラスから日差しが入る明るい店内。内装は白を基調にして色を抑え、あえてバラバラなデザインのアンティークの椅子を置いた。シックなデザインの店内に、考え抜き、選び抜いた壁のブルーが映える。

子どものころから台所に立ち、飲食業界に進むことを決めていたというオーナーの吉田真澄さん。勤務先のカフェの同僚だった妻・依里子さんと2020年3月に大阪・上本町でオープンしたのが「カフェ シヤント」だ。開業の理由は「短いスパンで改善なども行っていきたいと思ったら、自分でやるしかなくて。雇われるのに向いていないんです（笑）」と真澄さん。あいにくコロナ禍でのスタートとなったが、ダメージは予想よりも小さくすんだ。というのも、テイクアウト販売を視野に入れて業態を設計していたためだ。

「シアトル系カフェのようにコーヒーを気軽に持ち帰ってほしくて。先に会計をすませて外のベンチでお待ちいただくなど、混乱しない動線も考えてありました。新店かつ『持ち帰れる店』として、むしろ周知がはやまったかもしれませんね」。

焼き菓子は焼成の手前まで準備しておき、売れたぶんを焼き上げて補充。営業中は厨房に入る時間を最小限に抑え、接客に集中する。こうした工夫で、売上げのうち約4割をテイクアウトが占める状態をキープしているという。

ちゃんと"しやんと"の思いを店名に込めて

コンセプトは「コーヒーと相性のよいおやつ」。自家焙煎のコーヒーと、素朴だが手の込んだ焼き菓子がメニューの中心だ。そんな商品の需要がある町を探すうち、この物件に出合った。「窓から見える景色、道行く人の装いなどがイメージ通り。14坪の広さも2人でやるにはぴったりでした」。

店名は関西弁の「ちゃんとしやんと（しっかりやらないと）」と、テーマカラーのシアンブルーをかけた造語。トレードマークに据えた七三分けの"ちゃんとした"ネコを、内装や販促物、クッキーに至るまでちりばめている。集客にはSNSを活用。開業前に

開業までの歩み（真澄さん）

2007年——辻調理師専門学校に入学し、調理師本科カフェクラスに進む。

2008年——兵庫県神戸市内のフランス料理店勤務を経て、神戸市内のカフェ「カフェラ」で4年間バリスタとして勤務。

2014年——大阪で医療グループによる新規事業でのカフェの立ち上げを経験。レシピ開発や店舗運営のノウハウを得ながら4年間勤務。同時期、SNSで料理写真の投稿を開始。フリーランスとしてレシピと写真を提供する仕事を経験。

2018年——大阪の料理動画撮影事業所の立ち上げに携わる。12月ごろからカフェ立ち上げの手伝いをしながら、自身の店のコンセプトを考えはじめる。

2019年3月——物件探しを開始。飲食専門の不動産サイトに複数登録。複数のデザイン会社にも連絡すると同時に、物件探しを進める。日本政策金融公庫で融資を受けるため、ネットの情報を参考に事業計画書を作成。大阪産業創造館で添削を受ける。

11月——飲食系不動産サイトで現物件を見つけ、その日のうちに仮押さえ。日本政策金融公庫で借入れの申し込みをする。

12月——借入金確定後、即、物件を本契約。同時にデザイン会社との打合せを開始。厨房のレイアウト、家具、厨房機器などの購入についてデザイナーや保健所に相談しながら進める。店のSNSを開始。ショップカードやメニュー、ロゴなどのデザインを進める。

2020年1月——内外装工事スタート。

2月——消防署、保健所に届出を提出。前職を退職。

3月——オープン。

2人ともに製造も接客もこなす。真澄さんの接客ポリシーは「ちょっとフォーマル寄りの、さらっとした接客」。空間を主役にするには、自分が印象に残りすぎてはいけない、というのがその理由だ。

大阪・上本町エリアの住宅街になじむブルーのファサード。ウエイティング用ベンチやトレードマークのネコなど「洗練されすぎていない素朴なかわいらしさ」を印象づける。

真澄さんがレシピ作成と写真提供の仕事をしていた経験をもとに"いいね"がつく撮影方法を研究し、営業日はかならず更新している。

　吉田さん夫妻がカフェ業態を選んだ理由は「"体験"を提供できるから」。この空間を楽しんでもらうために過剰な接客は邪魔になると考えて、ていねいでフォーマルなサービスを心がけているという。

焼き菓子をレジ横に陳列。つねに焼きたてを提供するため、少しずつ焼いて補充する。店頭に並べることでよく目立ち、テイクアウトで気軽に買ってもらいやすい。

「プレーンスコーン(1個250円)」は一度に2個食べられる小ぶりのサイズで、季節のフレーバーも随時ラインアップ。クリームが付くほか、ラズベリージャム(50円)も用意する。「カフェラテ」は500円。

DATA

スタッフ数	2人
商品構成	スイーツ12〜13品、ドリンク14〜15品
店舗規模	13.8坪(厨房4.5坪、カフェスペース9.3坪・12席)
1日平均客数	45組
客単価	1200円
売上目標	月商120万円
営業時間	11時〜18時30分
定休日	火・水曜

テイクアウト販売を視野に入れて店舗を設計。
食器やシンクは機能美にこだわり、個人輸入しました

オーナーの吉田真澄さんは、1988年大阪府生まれ。辻調理師専門学校卒業後、兵庫・神戸のフランス料理店やカフェに勤務。カフェの立ち上げに携わる一方で、フリーランスでレシピと写真提供事業などを行う。2020年3月に独立開業。

ある日のタイムテーブル

9:30 真澄さん、依里子さん出勤。真澄さんは、店内の清掃、コーヒーのメッシュ調整、SNSの撮影・投稿。依里子さんは、販売用のケーキなどを仕上げ、ショーケースに並べる

11:00 開店／真澄さんは、接客をしながら注文に応じて菓子を盛り付け、コーヒーを淹れる。時間があれば、事務作業、仕込みを行う。依里子さんは、仕込みをしながら、接客。注文に応じて菓子を盛り付け、コーヒーを淹れる

14:30 交代で休憩・食事

18:30 閉店／片付け・清掃、仕込み、コーヒー豆の焙煎、食材の在庫チェック・発注

20:00 真澄さん、依里子さん帰宅

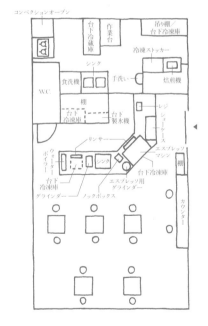

14坪

開業投資額

1100万円

物件取得費	160万円
内外装工事費（什器費含む）	430万円
厨房設備費	295万円
その他（運転資金など）	215万円

カウンターの高さは
外からの見栄えも計算

動線を考え抜いた
機能的なカウンター

香りのテイスティングで
コーヒー豆の販売促進

カウンター席の高さは、お客が座ったときに中と外からどう見えるかにこだわった。高すぎると天井が詰まって見えるので、何回も座って確認し、最終的にパイプ製の椅子の脚をパイプカッターで切断。ベストな高さに仕上げた。

作業カウンターはウォールナットの一枚板でつくり、コーヒーを淹れる動線に沿って器具類を配置。シンクは、機能性を追求して、アメリカ製のバー用のものを取り寄せた。内側はスタッフを増員しても働ける広さを確保した。

コーヒー豆の販売も行う。当初は3社から焙煎した豆を仕入れていたが、現在は自家焙煎を行っている。内容は随時替わるため、香りのテイスティング用に小さなボトルに豆を入れ、お客が好みの豆を選べるように工夫した。

事業計画書を
添削してもらい
融資がスムーズに

日本政策金融公庫で融資を受けるために、物件選定の段階からデザイン設計会社に問い合わせ、申請の1年前には事業計画書を書き終えていました。商工会議所のセミナーなどで勉強して大阪産業創造館で添削してもらい、物件決定後は敷金・礼金などの数字の微修正をしたのみで提出。準備万端で申請したので、最短で満額を借りられました。

テイクアウトを想定した
店舗設計が奏功

スタッフのオペレーションだけでなく、店舗自体のレイアウトも持ち帰りを想定したものなんです。まず、角地に建つ店舗は、二面ガラスで視認性がよいため、外から見ても目立つ位置にエスプレッソマシンを配置。会計を先にすませることで店内の混雑を緩和し、提供までの時間は外のベンチで座って待っていただく。おかげでコロナ禍の緊急事態宣言下でもテイクアウト利用の集客力を発揮できました。

予想以上の売れ行きに
焼き菓子を増産したいが
換気設備が不充分！

ありがたいことに焼き菓子の売れ行きが想定以上で、予定よりも多くオーブンを稼働させたら、厨房内の熱気がすごいことに。「これでいける」と言われるがままに設置しましたが、フードなしの家庭用換気扇では対応できない状況に。オーブンが小さく、こまめに焼かなければならないこともあり、焼き菓子の生産量を上げるために今後改装予定です。

施工業者の仕事は
どこからどこまで？

業者さんの仕事のライン引きについて細かい部分まで話し合っておくべきでした。たとえば床。打ちっぱなしにする前はタイルが付いていたのですが、施工業者の仕事は「タイルをはがす」までで、接着跡の掃除は含まれていなかったんです。戸惑っているうちに什器の搬入がはじまってしまったので、あわててリムーバーを買ってきて、自分たちで掃除しました。

ラッティエーラ

イタリアで学んだジェラートを主役に据え、 1人で営める気ままなバールを開業

大阪・玉造の学校やスポーツセンターが集まるエリアにあり、駅前ではないが、立ち寄りやすい立地。目をひくが派手すぎないブルーの壁は、外国の店舗写真を何枚も見せて色を指定した。

じつはコーヒーが苦手という「ラッティエーラ」のオーナー、山本 諭さん。「唯一、砂糖を入れて飲めたコーヒーがエスプレッソでした。その発祥の地がイタリアだと知り、製菓技術も含めて現地で勉強をしてみたいと思ったんです」とイタリアへ渡ったきっかけを語る。また、当時勤めていた飲食店で「接客が硬い」と言われたことがあり、イタリアではラフだけどちゃんとした接客が学べそうだと考えた。現地で語学学校に通ったのち、ジェラテリアとバールで職を得て、帰国後はイタリアンカフェで経験を積んだ。

　独立のために物件を探しはじめたのは2019年8月。しかし、当時の大阪はインバウンド需要や万博前景気で、個人向けの小さな物件の空きがない状態だった。「どこの不動産会社にも相手にされませんでした。ところが、渋井不動産に出合ったことで道が開けたんです」。山本さんが出した条件は、大阪市内、1人でできる10坪前後、家賃は13万〜14万円など。大阪の小規模物件に強く、個性的な個人店を手がける渋井不動産に相談して、20年7月にようやく希望通りの物件を取得した。

　施工でトラブルもあったが、渋井不動産に新たな業者を紹介してもらい、着工から1ヵ月半後の10月にオープン。1人で切り盛りするため、機器類は動線に合わせて効率よく配置した。また、なるべくカウンター席に着いてもらえるよう、カウンターの椅子の座り心地にもこだわった。

無理のない品目数でミニマムに営業

業態はコーヒーと自家製のジェラートを中心としたイタリアンバールだが、冬期対策としてプリンなどの生菓子も3品そろえている。「そこはイタリアにこだわらず、ジェラートに合う生菓子を選びました。"家庭のおやつ"にならないよう、パティシエ経験に

開業までの歩み

2009年——辻製菓専門学校・製菓衛生師本科に1年、辻製菓技術研究所に1年と、計2年間学ぶ。

2011年——大阪のパティスリー「五感」で3年パティシエとして勤務。

2014年——大阪の喫茶店でアルバイトをしながら、コーヒーについて勉強。日本スペシャルティコーヒー協会（SCAJ）のコーヒーマイスターの資格を取得。

2016年——バールで働くためにイタリア・フィレンツェへ。語学学校に3ヵ月通い、ジェラテリアに2ヵ月勤務したのち、バールに入店。半年ほど働いて帰国。

2017年——大阪のイタリアンカフェ「アンティコカフェ アルアビス」に入店。

2019年8月——物件探しを開始。インバウンドや大阪・関西万博前の好景気により、小規模な個人店向けの物件はなかなか見つからず苦戦する。

2020年2月——アンティコカフェ アルアビスを退職。大阪の渋井不動産と出合い、本格的に開業準備に入る。日本政策金融公庫の融資申請に向けて書類づくりを開始。

7月——物件取得。最初に見積もりをとった工務店が小規模店舗に慣れておらず、渋井不動産の紹介で別の工務店に変更。

8月中旬——お盆過ぎにようやく着工。同時に什器や機器類の購入も進める。

9月——工事完了。

10月——オープン。

レジ横にあるスタンディングスペース利用の場合は、エスプレッソのみ半額で提供している。「イタリアみたいに仕事中でも気軽に訪れてもらいたい」気持ちの表れだ。

大きな窓と高い天井によって開放感を創出。狭さを感じさせない。コンクリート打ちっぱなしの壁は「予算オーバーでクロスが貼れなかっただけですが、逆によい雰囲気になりました」と山本さん。

よる技術を生かしています」。

ジェラートは6品ほどそろえ、季節メニューもラインアップする。1人で営むため、生菓子は生産量を少なめに調整。売りきれていたら「次こそあれを食べよう」と思ってもらえる、というリピーター獲得術でもある。ただし、一番人気のプリンだけは「頑張ってたくさんつくっています」と山本さん。ジェラートをのせたプリンがSNS映えすることから、若い女性が来店するようになったのだ。一方でイタリアンバールのマニアックなファンが"本格"を求めて訪れることも多い。「自分1人が生活できるミニマムな規模でいい。細く長く愛される店にしたい」と語る。

DATA

スタッフ数	1人
商品構成	ジェラート6品、生菓子・焼き菓子計約5品、ドリンク7品
店舗規模	10坪（厨房1.5坪、カフェスペース8.5坪・8席＋スタンディング最大収容人数2人）
1日平均客数	12人
客単価	1200円
売上目標	未設定
営業時間	12時〜19時（18時30分L.O.）、土・日曜11時〜18時（17時30分L.O.）
定休日	水曜、第1・3木曜

イタリアの味を再現したミルクジェラート付きの「ケーキセット」（1300円）。シフォンケーキなど3品から選べて、一番人気はプリン。ジェラートはプラス100円でほかの種類も選べる。カフェラテはプラス150円。

1人で切り盛りしやすい厨房設計を心がけました。
営業しながら気付いた点を改善していきます

オーナーの山本 諭さんは、1991年鹿児島県生まれ。辻製菓専門学校卒業後、大阪市のパティスリー「五感」勤務などを経て、渡伊。帰国後は大阪市の「アンティコカフェ アルアビス」で経験を積み、2020年10月に独立開業。

ある日のタイムテーブル

9:00	買い出し
10:00	出勤。ジェラート・焼き菓子の仕込み作業。店内を掃除し、開店準備
12:00	開店／営業中は基本的に接客に専念
19:00	閉店／ジェラート・焼き菓子の仕込み
22:00	コーヒーメニューの試作など
23:00	帰宅

10坪

開業投資額
600万円

内外装工事費	400万円
什器・備品費	80万円
その他（物件取得費など）	120万円

カウンター席の座り心地をよくする

機能的で無駄のないコンパクトな厨房設計

大きな馬酔木を置いて天井高を視覚的にカバー

なるべくカウンター席に座ってほしいとの思いから、カウンターの椅子は座り心地のよいものを探し抜いた。かたわらにベビーカーを置いてカウンターに座るお客もいる。テーブル席は木のベンチの座面を広くして、居心地をよくした。

ワンオペを念頭に置いて効率的な動線を考えて機器を配置したらこの広さになる、と想定してから厨房の壁を設置。1.5坪の小スペースを機能的に使っている。小窓から店内が見えるので、営業時間内でも作業ができて効率的だ。

高い天井は殺風景に見えることもあるため、入口近くのカウンターの角に背の高い馬酔木を飾っている。3ヵ月ほどもつので花よりもコストパフォーマンスがよく、インテリアとしても美しく、外からの目隠しにもなるなどいいことずくめ。

正解でした

設備購入も施工業者に任せて施工と搬入を一本化

大型厨房設備などの買い物を施工業者に依頼したことで、工事がかなりスムーズになりました。エスプレッソマシンやジェラートマシンのような持ち運べるものは自分で搬入しましたが、機材は基本的に施工業者が工事の進み具合によって搬入できるものから順に購入し、厨房に配置してくれたので、置き場所や段取りなどで悩まずにすみました。

改善点もありました

細かい後悔は山ほどあれど、営業しながら改善

ベンチに収納を設ければよかった、トイレの上部を天袋にすればよかった、シンクはもっと小型のものにすればがよかった、照明器具のレールはここがよかった……。そんな細かい後悔は山ほどありますが、それらは実際に営業してから気づくこと。店づくりの段階ではわかりません。営業しながら改善していけばいいんです。思ったより手がまわらず、食洗機だけは、すぐに買いましたが(笑)。

確認すべきでした

物件を決める際は電気・ガスも確認すべき

物件に関しては、事前に得られる情報には限りがありますが、配管関係まで調べられるなら調べたほうがよいと思います。現物件は、いざ工事に入ってみたら配電盤がないうえに無駄なガス管が残っていて、それらの設置や撤去に予想外のお金がかかりました。前店の退去後の状態を聞くだけでも違ってくると思います。

失敗が必要でした

相場を知らないならなおさら施工業者の相見積もりをとるべき

最初に依頼した工務店には電気工事だけで高額な見積もりを提示され、いったんはこの物件を諦めかけました。ところが不動産会社から他社に交渉してもらったところ、なんと半額ほどに。じつは最初の会社は病院などの大型工事専門で、小規模店の経験が少なかったんです。相場がわからないからこそ、最初から相見積もりを取るべきでした。

シンプルですっきりとした店づくり。モルタルのカウンターや今まで蒐集してきた陶器が静寂な雰囲気を醸すことから、枝ものの生け込みを随所に飾って、温かみも演出した。

ノヴァ 珈琲と焼菓子

現代的なセンスと純喫茶的サービスを融合。
開業前からイメージを明確にして入念に準備

大川沿いに公園が続き、桜の名所として知られる大阪・天満橋。京阪電鉄と大阪メトロ天満橋駅から徒歩約5分の場所に立地し、2021年1月の開業以来、連日満席という人気ぶりを見せる「ノヴァ 珈琲と焼菓子」は、オーナーでコーヒー担当の瀬戸家純一さんと製菓担当の宮本みゆきさんによる、自家焙煎コーヒーと焼き菓子の店だ。

瀬戸家さんは、カフェ開業前からアパレル事業を展開しており、買い付けに訪れた海外でカフェを巡るうちに、カフェ開業を決意。大阪市内のカフェで修業しながら、物件探しやコーヒー関連の資格取得、焙煎技術の勉強、SNSでの情報発信など、カフェ開業に向けて入念に準備を進めてきた。

本腰を入れたのは、コロナ禍まっただなかの20年4月。「いろいろなお店を視察しましたが、コロナ禍でも繁盛しているお店は少なくない。自分次第でどうにでもできると思ったら、開業への気持ちが加速したんです」と瀬戸家さんは当時をふり返る。そして、見つけたのが閉店予定の老舗喫茶店が入っていた現物件。公園に近く、20坪以下という条件に合致したという。

驚きのある商品と温かいサービスを意識

「店づくりでめざしたのは、海外のお客さまも楽しめる、日本の文化を取り入れた店」と瀬戸家さん。ロゴは折り鶴をモチーフにし、メニューには抹茶や和菓子もラインアップ。コーヒーは、浅煎りと深煎りの2種類のブレンド豆を使用。フジローヤルの5kgの焙煎機で毎日こまめに焙煎している。豆売りは100g・648円〜とリーズナブルな価格に設定。「鮮度が高くて上質な豆を気軽に楽しんでほしい」と瀬戸家さんは言う。

一方、スイーツのコンセプトは"サプライズのある菓子"。フィナンシェにルイボスティーを配合したり、コーヒーゼリーにコア

開業までの歩み

2009年4月——金融関連会社に入社。秋ごろに退社し、飲食店を中心にアルバイトをしながら自身に合う仕事を模索する。

2012年7月——アパレル業で起業し、オンラインショップを立ち上げる。ニューヨークやパリなどでの買い付け時にも、趣味だったカフェ巡りをし、カフェ開業を考えるようになる。

2015年4月——アパレル事業を続けながら、カフェ経営とコーヒー抽出を学ぶため、大阪のカフェに勤務。現在、製菓を担当する宮本みゆきさんと出会う。

2019年8月——宮本さんがカフェを辞め、イベント出店や卸など無店舗で活動をはじめる。カフェを開業したら、製菓担当として勤務してほしいと宮本さんを誘う。コーヒーインストラクター1級、JBAバリスタライセンスレベル2、コーヒーマイスターなどの資格を取得。物件探しを開始。

10月——カフェを退社。事業計画を練る。作家の個展に足を運んでロゴデザインを考える。

2020年1月——カフェ巡りのインスタグラムをはじめ、1年間でフォロワー2000人を集める。

8月——現物件に出会い、契約。ホームページ制作会社を検索できるサイト「アイミツ」などを利用し、ウェブサイトの制作会社を探す。設計・施工を(株)アンビエントに依頼する。

9月——着工の予定だったが、コロナ禍で着工時期が延びる。家具の買い付けなどを行う。

12月——着工するもコロナ禍で職人が集まらず、壁の塗装や床の張替えなどを手伝う。

2021年1月——20日に工事終了。開業予定日の1週間ほど前から店のインスタグラムをはじめる。31日にオープン。

(有)千葉工作所のスタンドに、陶芸家の大江憲一氏による円錐ドリッパーをセットしてコーヒーを抽出。カフェ開業を視野に入れてからは、以前から好きだった作家ものの食器をこつこつと集めてきた。

ル・コルドン・ブルー パリ校で製菓を学んだ宮本さんがつくるスイーツは、焼き菓子を中心に5〜6品。

DATA

スタッフ数	4人（常時3人）
商品構成	コーヒー類8品、焼き菓子5品、和菓子1品、モーニングメニュー5品など
店舗規模	10坪・10席
1日平均客数	平日70人、土・日曜100人
客単価	1100円
売上目標	月商150万円
営業時間	8時〜17時
定休日	水・木曜

ントロー入りソースを合わせたりと、定番をひとひねりして他店にはない個性を打ち出す。

また、温かみのある接客にも注力。店ではお客との会話を重視する一方で、インスタグラムは商品や空間の写真のみで、あえて人の気配を感じさせない構成に。SNSと実際に訪れたときの雰囲気の小さなギャップも瀬戸家さんが大切にするサプライズの一つだ。

今後は豆の卸事業を拡大するほか、健康志向の料理を提供する食堂業態の展開も考え中。かつて買い付けで訪れて憧れたパリに出店する夢も温めている。

自家製ヨーグルトを使ったさわやかな「チーズケーキ」（550円）と、5種類の深煎り豆をブレンドして苦味のある奥深い味わいを表現した「楡（にれ）」（605円）。器は大阪・高槻の「su-nao home（スナオホーム）」のもの。

予想外の連日満席で、開業2週間で営業形態を見直しました。
誰にとっても心地よい店づくりを実践しています

4:00	出勤。コーヒー豆の焙煎。当日使用するコーヒー豆のテイスティング
7:00	店内の掃除など開店準備
8:00	開店／スタッフ出勤
12:00	スタッフ休憩
13:00	翌日提供する焼き菓子の仕込み作業をはじめる。生豆のチェック
17:00	閉店
17:30	ミーティング。当日の営業の反省と翌日の準備について話し合う。スタッフ帰宅
19:00	帰宅

オーナーの瀬戸家純一さんは、1987年大阪府生まれ。金融関連会社を経てアパレル業で起業し、通販事業を展開。趣味のカフェ巡りを契機にカフェ開業を決意し、大阪・西中島のカフェで修業。2021年1月に「ノヴァ珈琲と焼菓子」をオープン。

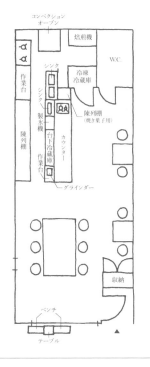

10坪

開業投資額
1450万円

物件取得費	200万円
内外装工事費	550万円
厨房設備費	100万円
什器・備品費	500万円
運転資金	100万円

以前入居していた喫茶店の棚をそのまま活用

エアコンを隠すための扉付きの空間を収納スペースに

厨房への機材搬入用の扉は店の雰囲気を壊さない仕様に

閉店した老舗喫茶店の居抜き物件を取得し、什器類はできるだけ活用した。収納スペースを確保すべく、カウンター奥の食器棚もそのまま使用。照明を入れるなどして、内装のモダンな雰囲気と合わせ、統一感を出した。

昔ながらの喫茶店に多い大型エアコンを隠すための扉付きの棚は、収納に改修。生豆などを保管している。また、入口のドアや窓枠もそのまま活用。真鍮の取っ手を磨いたり、ペンキを塗り替えたりしてモダンな雰囲気に変えた。

空間をすっきりと見せるため、客席から見えないように、厨房への出入りはカウンター内からのみ行う。ただし、厨房機器の搬入などを考え、厨房と客席の間の壁に、ドアノブのないマグネットキャッチ式のドアを設置した。

工事を手伝って内外装費の削減に成功

新型コロナウイルスの影響で、内外装工事の職人が集まらず、完工が延びることに。少しでもはやい開業をめざし、カウンターのモルタルや壁の塗装など、できることは積極的に手伝いました。だんだん作業にも慣れてきて、いつの間にか職人のようになっていました（笑）。結果として、内外装費が30万円ほど抑えられ、店への愛着も増しました。

洗いものが追いつかなくて開業直後に工事

開業直後から想定以上の客数となり、洗いものが追いつかない状況に。カウンター内の1槽シンクは、ドリンク用の浄水器しか付けていなかったのですが、接客しながら洗いものができる水道が必要になりました。そこで、開業後2ヵ月でカウンター内のシンクに水道を追加し、厨房にもシンクを増やす工事をすることに。痛い出費になりました。

予想以上の忙しさからランチ提供を休止

開業当初は8時〜19時の営業時間で、モーニング、ランチ、カフェに分けた時間帯別のメニューを用意していました。ところが、終日満席で品薄状態が続いてしまい、仕込みも深夜までおよんで体がボロボロに。開業からわずか2週間でランチ提供をやめ、閉店時間も17時に変更。週1日だった定休日も週2日にしました。買い出しに行く時間もないので、仕入れ業者を利用し、オペレーションを見直しました。

SNSを駆使して認知度をアップ

開業1年前から趣味のカフェ巡りを紹介するインスタグラムのアカウントを開設し、1年間でフォロワー2000人を獲得。カフェ好きの方などの投稿に1日上限1000件の"いいね"をつけ、フォローバックしてもらうなど、認知度向上に努めました。その下地があったためか、開業1週間前に開店の告知をしたところ、多くの方に興味をもっていただき、集客も最初から順調でした。

スタン
コーヒー＆ベイク

開放的で温かみのある空間づくりも魅力。
閑静な住宅街で地域密着店をめざす

営業は1人体制が基本だが、繁忙時はバリスタの友人と2人体制に。平日は30代〜40代の近隣住民が中心で、土日は20代〜30代の遠方からのお客が増え、家族連れも多いそう。男女比は6対4だ。

東急田園都市線の二子玉川駅と用賀駅の間に位置する東京・瀬田。環状八号線と国道246号が交わる瀬田交差点近くの路地を入った住宅街に、「スタン コーヒー＆ベイク」が2020年8月にオープンした。オーナーの石渡やえさんは、料理人をめざして北海道から上京。都内のイタリア料理店で修業後、東京・渋谷のカフェ「ポール・バセット」に勤務し、コーヒーに魅了された。同店でバリスタに転身し、同・奥沢に本店を置く「オニバスコーヒー」に入店。イタリア料理店での菓子づくりの経験から、焼き菓子の製造にも携わった。

「食の道に進んだときから独立開業という夢はもっていました」と石渡さん。食の世界に入って18年が経ち、そろそろ自分の店をもちたいという気持ちが強くなっていったという。1人で落ち着いて店を切り盛りしたいと、「住宅街」「10坪以下」「車や自転車が停められる路面」を条件に、19年12月から世田谷区内を中心に物件を探しはじめた。

心地よく働ける環境の整備にも注力

現物件との出合いは20年2月。飲食店不可の物件だったが、コーヒーとシンプルなフードメニューのみの提供であることを大家に伝え、オール電化で運営することで交渉。契約が成立した。設計・施工は㈱プロイズムに依頼し、独立開業を視野に少しずつ貯金した自己資金1000万円を上限に店づくりを実施。モノトーンの空間に木や鉄を組み合わせ、観葉植物や切り花を随所に飾って、シンプルで温かみのある雰囲気をつくり出した。さらに、路面側の壁面には大きく開けられるガラス窓と扉を設けて開放感を演出。通りから店内が見えるため、店の認知度を高

開業までの歩み

2001年——高校卒業後、料理人をめざして上京し、東京のイタリア料理店に入店。皿洗いや掃除などからはじめ、その後、調理を担当。さらに、イタリア料理店を中心に都内の数店舗で修業し、焼き菓子やデザートの製造も学ぶ。

2013年——東京・渋谷の「ポール・バセット」に入店。コーヒーに魅了され、バリスタに転身。

2018年——東京とベトナム・ホーチミンで計6店舗を展開する「オニバスコーヒー」に入店。バリスタとして勤務しながら、焼き菓子の製造も担う。

2019年7月——オニバスコーヒーを退職。

12月——物件探しをはじめる。世田谷区内の東急大井町線や東急世田谷線、東急田園都市線などの沿線の物件を見てまわる。

2020年2月——5月末に退去予定の事務所が入っていた現物件に出合う。

5月——事務所の退去後、物件を内見。すぐに契約し、物件の引き渡しが7月末に決まる。㈱プロイズムに設計・施工を依頼。自身でも壁や家具類の資材を探す。食品衛生責任者の資格を取得。

7月——物件の引き渡しが完了。即、内外装工事がスタート。

8月初め——工事完了。保健所の検査を受け、飲食店営業許可と菓子製造業許可を取得する。

8月13日——オープン。告知はインスタグラムのみで実施した。

広い歩道に面した店舗。大きく開放できるガラス張りの引き戸を設けて、空間を広く見せるとともに、自然光がたっぷり入る明るい雰囲気に仕上げた。エスプレッソマシンは、ラ・マルゾッコ社の2連式。近隣の生花店で購入した植栽や切り花、ドライフラワーを随所に飾る。

焼き菓子はカウンター上に陳列。カウンターの腰板にはめ込んだガラス張りの冷蔵庫にプリンなどの要冷蔵の菓子を並べる。

DATA

スタッフ数	1～2人
商品構成	ドリンク11品、焼き菓子6～7品、デザート類3～4品
店舗規模	10坪・16席
1日平均客数	平日50～60人、土・日曜80～100人
客単価	約1000円
売上目標	未設定
営業時間	8時～17時
定休日	火曜（祝日の場合は営業）、不定休

める効果もあるが、「外の景色が見えて、時間の流れや天気がわかる環境で働きたかった。自分の精神衛生も重視しました」と石渡さん。換気必須の新型コロナウイルス対策にもつながった。

ドリンクは、修業先だったオニバスコーヒーの豆2種類を使うコーヒーメニューを中心に11品を用意。フードは、スコーンなどの焼き菓子6～7品とプリンなどのデザート類3～4品をラインアップ。いずれもテイクアウト可能だ。「SNSでプリンの評判が広がり、予想以上に客数が多くて驚いています。今後はホットサンドなどのフードも充実させたい。焼き菓子の卸もできたらいいなと思っています」と石渡さんは語る。

キビ糖を配合し、やさしい味わいに仕上げたデザートメニューの一番人気「プリン」（550円）と、「オニバスコーヒー」（東京・奥沢）に特注した同店オリジナルブレンド豆を使用する「アメリカーノ」（500円）。

1人で営業することを考えれば、作業効率だけでなく、
精神衛生面も考えた心地よい環境づくりも大事だと思います

オーナーの石渡やえさんは、1982年北海道生まれ。東京のイタリア料理店を中心に修業したのち、東京・渋谷のカフェ「ポール・バセット」でバリスタに転身。同・奥沢の「オニバスコーヒー」で経験を積み、2020年8月に独立開業。

ある日のタイムテーブル

6:30	出勤。スコーンなど焼き菓子の焼成。店内を掃除し、エスプレッソマシンを調整する
8:30	開店／接客やコーヒーの抽出をしながら、プリンなどのデザート類の仕込みを行う
17:00	閉店／営業中に仕込みが終わらなければそのまま続行。片付け・清掃
18:00	帰宅

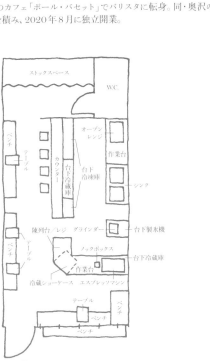

10坪

開業投資額

950万円

物件取得費	100万円
内外装工事費	400万円
厨房設備費	400万円
運転資金	50万円

大きなガラス窓で
開放感を創出

ガラス張り冷蔵庫を
ショーケースとして活用

コーヒー関連の作業台は
ステンレス製に

路面の壁に設けた大きなガラス窓は石渡さんのこだわりの一つ。ガラス窓を挟んで同じ高さのベンチを配置し、とくに窓を開放したときは店の外と中の境が目立たなくなるため、空間がより広く見える。入口もガラス扉を採用。

カウンター下にガラス張りの冷蔵庫を設置。冷蔵庫のガラス面のサイズに合わせてカウンターの腰板の一部を抜き、要冷蔵の菓子を陳列するショーケースとして活用している。

エスプレッソマシンやドリッパーなどを置き、焼き菓子の陳列もしている作業台は、衛生面を考えて上面をステンレス製に。ノックボックスは作業台にはめ込み、底を抜いて下にゴミ箱を置くことで、清掃の負担を軽減した。

よかったです

工夫しました

びっくりしました

ちょっと後悔

大きな窓で
店内を広く見せ、
開放感のある空間に

1人で営業することを前提とし、10坪以下の路面物件を探しました。この物件は奥行があるので、できるだけ店の奥まで自然光を入れたくて、路面の壁を全面ガラスの窓と扉にしました。広々とした印象になるように、大きく開放できる仕様にしています。私自身も外を見ながら作業できて気持ちがいいです。お客さまとのコミュニケーションもとりやすいです。

オペレーションを
簡素化できる
焼き菓子を商品化

1人体制のため、できるだけシンプルな製法で、おいしくできる焼き菓子を中心にそろえています。たとえば、パウンドケーキは大きくつくってカットするだけですし、バリエーションを出しやすいのも魅力。また、プリンも1回に24個焼けて、保存もきくので商品化しました。焼成には㈱東芝のオーブンレンジ「石窯ドーム」を使っています。

お客が店の情報を
SNSに投稿。
週末は行列も発生

友人が撮影した写真を投稿する公式のインスタグラムもありますが、お客さまのSNSの投稿から当店の情報が拡散。なかでもプリンが好評で、シンプルな製法で保存がきくからという理由でメニューに加えたのですが、今では集客のマグネットになっています。土日は遠方からのお客さまも多く、行列ができる時間もあるため、日曜の午後だけはバリスタの友人に手伝ってもらっています。

ドリップコーヒーが
予想以上の人気で
新たに導入したい機器も

当初はエスプレッソマシンで淹れるコーヒーメニューの注文が大半だと考えていましたが、2種類の豆から好みの豆を選べるドリップコーヒーが予想以上に人気で驚きました。しかし、当店にはポットしかなくて、お湯が沸くのに時間がかかるし、容量も大きくないので、水道直結型のウォーターボイラーを導入すればよかったと少し後悔しています。今は購入を検討中です。

スイートオリーブ
金木犀茶店

日本と中国の食文化を融合した
オリジナルのメニューと
中国出身のオーナーの温かな人柄が魅力

入口を入って右手が3.5坪の厨房、左手がカウンター一席。当初は厨房側にもカウンター席を設けていたが、収納を確保するため2020年秋の改装時にカウンターを撤去して収納棚を設置。倉庫兼スタジオだった奥のスペースを客席に変え、店舗を8坪に増築した。

東京・西荻窪に2019年10月にオープンした「スイートオリーブ金木犀茶店」。オーナーの李 海純(リカイジュン)さんは中国・深圳で生まれ育ち、東京のインテリア専門学校留学中に上海出身の王 康鵬(オウ コウベン)さんと出会い、結婚。2人でヴィンテージ雑貨の輸出を行う会社を立ち上げ、事業が順調に推移したことから、「取引先の人や友人とお茶を飲みながら話ができるカフェをつくろう」と、オフィスの一部を改装し、同店をオープンした。

　メニューには、2人が子どものころから親しんできた中国茶と、李さんが好きな金木犀を使ったドリンクや菓子をラインアップ。当初はテイクアウトをメインに営業しようと考えていたため、客席はカウンター5席のみとし、通りに面してテイクアウト用カウンターを設置。3.5坪の厨房には台下冷凍冷蔵庫や家庭用オーブン、IHヒーターなど、最低限の機器を導入した。限られたスペース内に収納場所を確保しつつ、空間を広く見せるため、「厨房の壁に戸棚を取り付け、その下にさらに木製の棚をつくりました」と王さん。「大工さんに頼んだのは水まわりの工事や吊り戸棚の設置工事など、安全に関わる部分のみ。カウンターや棚づくり、塗装など、できることは自分たちで行ったので、最初の開業費用は220万円ほどですみました」。

二度目のリフォームで店舗を8坪に拡張

菓子のレシピは、もともと「お菓子づくりが趣味だった」という李さんが考案。中国茶や薬膳の素材を使い、甘味を抑えて日本人好みに仕上げたマフィンやタルト、ケーキなどを提供している。金木犀のシロップを使ったオリジナルドリンクも評判を呼び、イ

開業までの歩み

2012年──李さんが来日。翌年来日した王さんとインテリア専門学校で出会い、2015年に結婚。

2017年──専門学校卒業後、2人で会社を立ち上げ、オフィスとして現物件を取得。日本のヴィンテージ雑貨を中国へ輸出する事業をスタート。

2019年夏──オフィスの一部を2ヵ月かけてカフェに改装。棚の設置や壁の塗装など、できることは自分たちで行ってコストを削減した。

10月26日──厨房とカウンター5席の4.5坪の店をオープン。当初は売上げゼロの日もあったが、李さんがカフェ、王さんが輸出業務をおもに行い、収支のバランスをとっていた。

2020年4月──新型コロナウイルスの影響でイートインを休止。輸出業がいったん休止状態となり、王さんもカフェ業務に専念。無料宅配サービスを1ヵ月半実施。

6月──イートインを再開。新発売したパフェが人気となり、行列ができるようになる。

7月──2人で仕込みを行うようになり、売上げが2倍に。

8月──輸出業を完全に休止し、2人でカフェ事業に集中。

9月──店舗を8坪に拡張し、カウンター8席や収納棚などを新設。冷蔵ショーケースなどの機器類も導入した。

オーナー
李 海純さん

JR中央線西荻窪駅から徒歩約8分。商店街の一角にある店舗はストライプのシェードが目印。「お客さまの顔を覚えて声をかけるようにしています」と李さん。明るい人柄もリピーター増につながっている。

改装時にテイクアウトカウンターの下部に冷蔵ショーケースを導入。菓子類はここに陳列している。

ートインの利用客が徐々に増加した。

さらに20年夏に「鉄観音パフェ」を発売すると、これが大人気となり、その後は行列が絶えない状況に。そのため、リフォームを決意した2人は倉庫兼スタジオとして利用していた奥のスペースを1ヵ月かけて客席に改装。アイスクリームマシンやオーブンを導入して製造力を強化するとともに、通りから見える位置に冷蔵ショーケースも導入した。

改装後の客数は1日20〜40人。オリジナリティ豊かなメニューと2人の人柄にひかれて再訪するお客が多く、リピート率は7割を超えているという。

DATA

スタッフ数	2人
商品構成	生菓子・焼き菓子4〜5品、パフェ1〜2品、ドリンク8品
店舗規模	8坪(厨房3.5坪、カフェスペース4.5坪・11席)
1日平均客数	30人
客単価	1100円
売上目標	未設定
営業時間	12時〜16時(パフェは予約制)
定休日	日・月・火曜、祝日

人気のパフェは「鉄観音パフェ」と「薬膳パフェ」の2種類を月替わりで提供。写真左の「鉄観音ver.6春色」(2000円)は、鉄観音アイスや金木犀ゼリーなど15のパーツで構成。右は「桂花龍井茶」(650円)。

事務所の一部を改装してカフェをオープン。
中国茶や薬膳を取り入れたメニューを提供しています

ある日のタイムテーブル

8：00	李さん出勤。当日ぶんのケーキ・焼き菓子などの仕込み・仕上げを行う
11：00	王さん出勤。テーブルセッティングなど開店準備
12：00	開店／接客をしながら翌日ぶんのケーキ・焼き菓子などを仕込む
16：00	閉店／片付け・清掃
	王さん帰宅。李さんはそのまま仕込み作業
18：00	李さん帰宅

李さん(写真左)は中国・深圳、王さん(右)は同・上海出身で、ともに1991年生まれ。来日後、インテリア専門学校で出会い、2015年に結婚。17年に雑貨輸出業を立ち上げたのち、オフィスを改装して19年10月、中国茶カフェをオープンした。

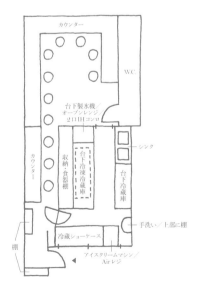

8坪

開業投資額

380万円

(開業後の改装も含めた合計金額。事務所として賃貸していたため、物件取得費は除く)

内外装工事費（1回目）	150万円
厨房設備費・什器費	70万円
内装工事費（2回目）	100万円
厨房設備費（追加購入）	60万円

厨房と客席の間の壁に窓を設け、商品提供の動線を確保

天井まで届く棚を設けて収納スペース不足を解消

壁面も収納に活用。目にふれる場所は"見せる収納"に

倉庫兼スタジオとして利用していた約3.5坪のスペースを2020年秋に客席に改装。厨房との間の壁を抜いて窓を設置し、増設した奥の客席へ商品をスムーズに提供できるよう動線を確保した。この窓は換気口の役割も果たす。

開業当初、カウンター席だったスペースを改装時に収納棚へリフォームし、収納不足を解消。天井までいっぱいに使った棚に茶葉や調味料、食器類、パフェのパーツなど、使用頻度の高いものを並べたことで作業効率もアップした。

厨房壁面に吊り戸棚や木製棚を設置し、グラスや調理器具、資材の収納場所として活用。お客から見える棚には薬膳の食材などを並べ、"見せる収納"を心がけている。改装時には客席にも吊り戸棚を配し、さらに収納力を増強した。

自分たちの得意なアイテムで勝負

私たちがカフェメニューの柱として選んだのは、2人とも子どものころから親しんできた中国茶と、私(李さん)が大好きな金木犀のフレーバー。コーヒーなど一般的なものは扱わず、コンセプトをはっきりと打ち出して、自分たちが自信をもって提供できる商品だけをそろえたことが、リピーター増加につながったのではないかと思っています。

日本人のお客の好みに合わせてレシピを改良

中国の食文化を伝えたくて、当初は乾燥豚肉のマフィンなど中国的なアイテムをつくっていました。ですが、日本の方になじみのない商品の人気は今一つ。そこで試行錯誤を重ね、薬膳素材や中国茶の風味を生かしながら、和洋の素材を組み合わせ、甘さを抑えた日本人好みの商品を開発しました。オリジナルの焼き菓子やパフェは今や、売りきれるほどの人気となっています。

パフェ人気で店頭に行列が!

2020年夏に発売した「鉄観音パフェ」がSNSで評判となり、店頭に長蛇の列ができるようになって驚きました。ありがたいことですが、行列ができるとご近所の方にご迷惑をかけてしまいますし、コロナ禍で密になるのも心配だったので、改装して5席だった客席を11席に増やしました。また、改装後はお客さまの増える土曜日を完全予約制に変更するなど、営業スタイルも随時見直しています。

会話+αでコミュニケーション

お客さまとは友だちのようなお付き合いをさせてもらっています。メニューで迷ったり、悩んだりしたときはインスタグラムで意見を聞いて、レシピに生かしています。また、私たちは外国人なので、日本語の使い方を間違えてお客さまに嫌な思いをさせないよう、ジェスチャーを交えて気持ちを伝えるようにしています。

住宅街に突如現れる小さくおしゃれなカフェは、この地域では珍しい存在。焼き菓子のテイクアウトメニューも地元住民に好評で、地域密着店として人気が高まっている。

エスエスイエット (SSYET)

コンクリート壁の静謐な空間に
1〜2人用席を配し、"お1人さま"を歓迎

JR蒲田駅のにぎやかな駅前のロータリーを抜け、線路脇の道を進むこと約10分。静かな住宅街にひっそりとたたずむカフェが2020年6月にオープンした「エスエスイエット (SSYET)」だ。コンクリート打ちっぱなしのモダンな店内は、オーナーの金井真実さんのセンスがあふれている。「がやがやとした雰囲気ではない、1人でもゆっくり過ごせるカフェが近所にあったらいいのに」という金井さんの理想を、9坪の小さなカフェに詰め込んだ。

金井さんは服飾の専門学校を卒業後、3社の飲食店勤務を経験。(株)タノシナルが運営する複合施設「カシカ」(東京・新木場)でカフェの立ち上げに関わった際に、自身でもカフェを立ち上げたいと思うようになり、30歳までに自分の店をもとうと決意した。

内外装費25万円。できることは自分で

「渋谷などの人の多いエリアで回転率の高い商売を続けるより、一人ひとりのお客さまの顔を覚えて、時にはゆっくり対話も楽しめる空間をつくりたかった」と金井さん。カフェが少なく、駅から徒歩10分くらいの静かな地域で、1人で営める10坪以下の物件を探すこと約1年。不動産サイト「東京R不動産」でようやく見つけたという現物件は、想定していた倍ほどの広さがあったため、物件のオーナーに壁をつくってもらい、半分の9坪ぶんを契約した。

開業資金はこつこつ貯金した281万円の自己資金。費用を抑えるため、「使える設備はそのまま使い、できる作業は自分でやるようにした」と話す金井さん。カシカで働いていたころに、コーヒー豆の卸業者をはじめ、大工や建築士とつながりができたこともあり、施工を手伝ってもらった。ダクトや電気以外はほとんど工事せず、壁はもと建設会社の事務所として使われていたコンクリート壁をそのまま生かしたため、内外装費は25万円に

開業までの歩み

2009年9月──服飾専門学校に在学中、スープ専門店「スープストックトーキョー」でアルバイト。

2014年5月──卒業後、神奈川・鎌倉発のアイスキャンディー専門店「パレタス」の正社員として働きはじめる。桜木町店では店長も務める。その後退社。

2017年10月──(株)タノシナルが運営するショップやギャラリー、撮影スタジオなどを合わせた複合施設「カシカ」の、カフェ部門の立ち上げスタッフとして正社員で勤務。経営の面白さを知り、自分で店をもつことを考えはじめる。

2019年5月──タノシナルを退社。独立開業の準備を進める。物件探しや、メニュー開発に取り組む。

9月──開業資金を稼ぐために、チョコレートデザイン(株)が運営する神奈川・横浜のチョコレート専門店「バニラビーンズ ザ ロースタリー」でアルバイトを開始。

2020年3月──神奈川・横浜近辺から神奈川寄りの東京エリアで、最寄り駅から徒歩10分ほどの10坪以内の物件を探していたところ、インターネットで条件に合った東京・蒲田の現物件を見つける。

5月──物件を取得。もと建設会社の事務所として使われており、コンクリートの壁面がつくりたい店のイメージ通りだったことなどから、ほとんど工事は行わなかった。カシカの立ち上げの際に知り合った施工会社の人に内装を手伝ってもらい、一部床の塗装などは自身で行った。

6月──新型コロナウイルスの影響で予定より後ろ倒しになりながらも、18日にオープン。バニラビーンズ ザ ロースタリーでの週4日勤務も継続しており、木・金・土曜の週3日営業からスタートし、自身の休みがない状態で働く。

12月──バニラビーンズ ザ ロースタリーを退職し、カフェの経営に集中。

2021年1月──週5日営業とテイクアウト販売を開始。

店内がコンクリート調の海外のカフェなどに刺激を受けたという金井さん。「無機質だけど抜け感のあるデザイン」をめざし、インテリアはコンクリートと木とステンレスで統一した。

席数は1人でオペレーションをまわせる数として8席にこだわった。1〜2人客がゆったりできるよう、3人以上での来店は断っている。満席のことも多く、スイーツメニューはほぼ毎日売りきれに。

DATA

スタッフ数	1人
商品構成	スイーツ3品、ドリンク5品、テイクアウト用スイーツ約2品
店舗規模	9坪(厨房1.5坪、カフェスペース7.5坪・7〜8席)
1日平均客数	30〜40人
客単価	1500円
売上目標	月商80万円
営業時間	カフェ14時〜18時、バー19時30分〜22時
定休日	火・水曜

抑えることができた。

「カフェといえばスイーツのイメージが強いですが、カフェは甘いものが好きな人のためだけの空間ではないですよね。甘いものが苦手な人でも、コーヒーやお酒と合わせて楽しめるスイーツがあれば」と考え、甘さを控えめにしたスイーツを提供。スイーツメニューは3品に限定し、月や季節ごとに内容が替わる。男女問わず20代〜40代の1〜2人客が多く、お客の約半数はリピーターだという。リモートワークに活用するなど、お客は思い思いの時間を過ごしている。

クリームチーズにヨーグルトと生クリーム、少量の砂糖を加えた甘さ控えめの定番メニュー「季節のスープとフォンテーヌブロー いちご」(単品で770円)。スープのベースとなるフルーツは月替わり。

店内は、無機質だけど抜け感のあるデザインに。
厨房機器もステンレス製でスタイリッシュにまとめました

オーナーの金井真実さんは、1990年神奈川県生まれ。服飾専門学校卒業後、アイスキャンディー専門店「パレタス」や、(株)タノシナルが運営する複合施設「カシカ」のカフェ部門で正社員として働く。2020年6月に独立開業。

ある日のタイムテーブル

9：00	出勤。エスプレッソマシンの調整など開店準備を行なう
9：30	材料・備品の在庫確認・発注
10：00	当日提供するスイーツや料理の準備
12：00	翌日ぶんの仕込み作業
14：00	カフェ開店
18：00	カフェ閉店／片付け・清掃
18：30	バー開店準備
19：30	バー開店
22：00	バー閉店／片付け・清掃
23：00	帰宅

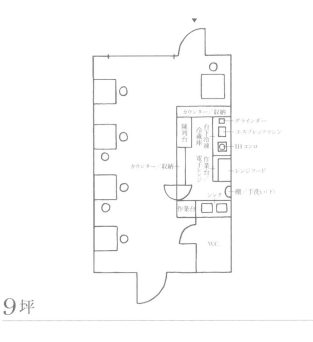

9坪

開業投資額

281万円

物件取得費	104万円
内外装工事費	25万円
厨房設備費（リース）	月6600円
什器・備品費	92万円
運転資金	60万円

壁付け棚で、見せる収納に

丸見えの厨房機器もスタイリッシュに

コンクリートブロックを重ね、カウンター兼収納として活用

収納が少ないため、初めはカウンターの上に皿を積み重ねていたが、次第に作業場所を確保したいと思うように。見せられる収納を探し、壁付けの食器棚をデンマークのインテリアブランド「HAY」で購入した。

レンジフードは㈱TOOLBOX製。店舗全体のデザインコンセプトに合わせて、ステンレス製にこだわった。客席から丸見えになる厨房機器も、スタイリッシュにまとめた。

ホームセンター「コーナン」のコンクリートブロックを積み上げた自作のカウンター兼収納。2ヵ所に設置し、入口側はコーヒー豆などを収納し、ディスプレーも兼ねた。客席側にはカップ類を収納し、作業台としても活用する。

厨房機器はリースで初期費用を抑える

初期費用を抑えるために台下冷凍冷蔵庫などの厨房機器は「厨房屋」のリースですべてそろえました。探していた幅45cm以下の小さな厨房機器を扱っているリース会社が少なく、リース自体も小さな店だと貸してくれないところも多いので、助かりましたね。リース代は全部で月6000円ほどに収まりました。

お客の反応を見て客席の配置を変更

開業半年後に客席の配置を変更しました。開業当初は1人席用テーブルを1つと3〜4人席用の長テーブルを2つ並べ、長テーブルでは相席をしてもらうようにしていました。夜のバー営業では長テーブルが雰囲気に合っていたのですが、お客さまが窮屈そうにも見えて、新型コロナウイルス対策も考え、長テーブルを2人席用に切断しました。

収納スペースの確保に苦労

理想的な物件を選べた一方で、倉庫などものを置く場所がなく、食器の収納場所もありませんでした。なので開業後しばらくはカウンターに皿を積んでいましたが、ようやく理想の壁付け棚を見つけ、取り付けました。それまでは仕上げ途中のデザートやドリンクを置く場所などに困っていましたが、壁付き棚のおかげで作業スペースが確保でき、オペレーションがスムーズになりました。

運転資金をアルバイトで稼ぐ、休みのない半年間

初めはカフェ一本でやっていく自信がなかったため、オープンして半年ほどはチョコレート店でアルバイトスタッフとして週4日働いて、毎月10万円ほど稼ぎながら、週3日でカフェを運営するという休みのない日々を続けていました。その当時は体力的に苦しかったです。充分な運転資金を貯蓄できていれば、体力的にも気持ち的にも、もっと余裕をもてたと思います。

スプートニク

スタンディングを中心にした自由度の高い店づくりで何度も通ってもらえる店に

東急東横線代官山駅とJR恵比寿駅の中間あたりに立地。渋谷駅からも徒歩12分ほど。ガラス窓越しに見えるエスプレッソマシンは、デザインが気に入って導入したというイタリア・ファエマ社製。入口脇にアール状のカウンターを設け、窓を開けてドリンクのテイクアウトにも対応する。

朝8時30分から24時まで営業し、コーヒー1杯にも、バー利用にも対応する自由度の高い店をめざして開業した「スプートニク」。ロシア語で「同伴者」を表わす店名には、「お客さまの人生に長く寄り添う店でありたい」というオーナー・伊藤瑶起さんの思いが込められている。「店づくりでいちばん大事にしたのは、使いやすさ。一度きりではなく、何度も通ってもらえる店にしたかったので、何かのついでに立ち寄りやすいターミナル駅の近くでの開業を考えていました」と伊藤さん。客席をスタンディング中心にしたのも、いつでも気軽にふらっと立ち寄れる店にしたかったからだという。

長く残り続けるデザインに

もとはアパレルショップだった物件は、8坪。伊藤さんをカフェの世界に引き込んだ「コーヒーハウスニシヤ」（当時東京・渋谷、現「コーヒーカウンターニシヤ」／同・浅草）の世界観へのあこがれもあり、内装は茶色の木目とゴールドの真鍮をベースに、トラディショナルなヨーロッパのバールをイメージして設計。そこに、ストリート感のあるコンクリートの床や、北欧のモダンなコーヒーカップなど現代の要素をミックスしている。「新しいもの、前衛的なものは、いつか古くなり飽きられてしまう。長く愛される店にするためにも、ずっと残り続ける伝統的なデザインをベースにしました」と伊藤さん。カウンターやテーブルの角はアール状にして、やわらかい雰囲気を演出しているのもこだわりだ。

カフェのメニューは、コーヒーを中心としたドリンク14品と、生菓子と焼き菓子が数品ずつ。「商品を目当てに来てもらう店ではないので、特別なメニューは置いていません」と伊藤さん。一方、バーのお酒はあえてメニューをつくらず、コミュニケーシ

開業までの歩み

2011年〜──大学在学中に「スターバックスコーヒー」でアルバイトスタッフとして働いたことをきっかけに、コーヒーへの関心を深める。また、プライベートで訪れた「コーヒーハウスニシヤ」（当時、東京・渋谷、現在は同・浅草）でオーナーバリスタの西谷恭兵氏の所作に心を奪われ、飲食店開業を志すようになる。

2013年──実績のある専門店でコーヒーの知識を深めるべく、「ポール・バセット」に入店。渋谷店と新宿店で3年経験を積む。

2016年──長く愛されている個人店で働きたいと考え、「ファイヤーキングカフェ」（同・代々木上原）に入店。バーテンダーとして1年半勤務する。

2018年──（株）THINK GREEN PRODUCEに入社。マスタードホテル渋谷のラウンジでマネージャー職を務め、カフェの新規出店にも携わる。

2020年10月──同社を退職し、物件探しをスタート。同年内に、現物件を見つける。

2021年2月──物件を契約。カフェ「No.」（同・代々木上原）やイタリア料理店「CICLO」（同・西荻窪）で手伝いをしながら、開業準備を進める。

3〜4月──内外装工事。

5月──オープン。

テラゾー（人造大理石）を天板に用いたカウンターは、高さ108cm、奥行50cm。お客と向かい合ったときの間隔が、飲食店の平均的なテーブルの奥行（65〜80cm）になるように設計した。奥の壁に取り付けた鏡の効果で、店内が広く感じられる。

オーナー
伊藤瑶起さん

「いつでもふらっと立ち寄れる店にしたい」という思いから、カウンターを前面に出したスタンディング中心の店づくりに。常時2人体制で営業している。

ョンをとりながらオーダーをとるスタイルとした。

カジュアルな店の雰囲気がお客を呼び、常連客も増えてきた今、「もう一軒よい物件に出合えた場合は、レストランを運営することも構想中」と伊藤さん。「大事なのは、僕自身が毎日、店に立ち続けること。将来的にはプロデュース業や執筆業にも挑戦してみたいです」と、さらなる夢を語ってくれた。

DATA

スタッフ数	常時2人（オーナー1人、スタッフ2人）
商品構成	ドリンク14品、生菓子6品、焼き菓子6品、スナック5品、バーフード10品、アルコール各種
店舗規模	8坪（厨房3.5坪、カフェ・バースペース4.5坪）
1日平均客数	平日50人、土・日曜60人
客単価	カフェ750円 バー2500円
売上目標	日商10万〜12万円
営業時間	カフェ8時30分〜24時、バー14時〜24時
定休日	水曜

「ローシュガーロースト」（東京・経堂）から仕入れるコーヒー豆で淹れる「フラットホワイト」（500円）と、ヨーグルトや白ワインヴィネガーを加えたなめらかな「チーズケーキ」（700円）。

新しいもの、前衛的なものはいつか飽きられてしまう。
お客さまに長く愛してもらえるよう、内装は伝統的なデザインに

オーナーの伊藤瑶起さんは、1994年三重県生まれ。0歳から5歳までブラジルで過ごす。大学在学中にカフェにひかれ、「ポール・バセット」（東京・渋谷、新宿）、「ファイヤーキングカフェ」（同・代々木上原）などで経験を積む。2021年5月に独立開業。

ある日のタイムテーブル

8：00	スタッフ（早番）出勤。テーブルセッティング、エスプレッソマシンの調整など開店準備を行う
8：30	開店／接客をしながら、生菓子や焼き菓子の仕込みを行う
14：00	別のスタッフ（遅番）が出勤。以降、2人体制で接客・仕込みを行う
15：00	伊藤さん出勤。早番帰宅
24：00	閉店／遅番帰宅
25：00	片付け・清掃後、帰宅

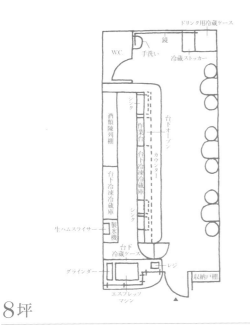

8坪

開業投資額

1400万円

物件取得費	200万円
内外装工事費	690万円
厨房設備費	240万円
什器・備品費	170万円
運転資金	100万円

入口をやや奥まらせると入りやすい雰囲気に

厨房をバー用とカフェ用にゾーン分け

カウンター下の空間は足を入れやすいよう奥行17cmに

「飲食店の入口は奥まっていると心理的に入りやすい」という設計士からの提案を取り入れ、シャッターのラインよりも奥に扉を設置。店前の段差部分には小さなカウンターを設け、喫煙スペースに。

営業は2人体制だが、厨房の通路幅は約50cmと狭く、人がすれ違うことが難しい。そこで、それぞれの持ち場を離れずに仕事が完結できるように、入口側にカフェ、奥にバーの機能を集約している。

スタンディング中心のため、長時間立っていても疲れにくいように、足元に真鍮の足置きを設けたほか、カウンターの天板を客席側に17cm出っ張らせて、お客が膝を入れて立てるようにした。

設計士と感性が合い内装デザインは大満足

店舗設計は、以前から付き合いがあった、㈱埴生の宿の鈴木一史さんに依頼。打合せしたときに、年齢が離れているにも関わらず、お互いに気が合い、"共通言語"で話ができたので、スムーズに進めることができました。鈴木さんはコーヒーショップの設計を手がけたこともあり、僕好みのデザインを理解してくれて、壁紙の色なども求めていた感じと相違なく、仕上がりに関しても非常に満足しています。

仕入れたお酒などを置くスペースが足りない

すっきりとした空間にしたかったので、お客さまから見える場所には収納棚をつくりませんでした。結果的に収納スペースと、冷凍・冷蔵庫が足りず、開業後に飾り棚を付け足し、ドリンク用の冷蔵ケースを購入したものの、お酒をストックする場所が足りず、配達されたお酒が一時的にケースごと床に直置きになってしまうことも……。いずれは近くの物件を借りて収納場所を確保する予定です。

シンクは2ヵ所もいらなかった

コーヒー用とお酒用で、洗い場が別々にあったほうがよいと考え、シンクを別々に設けましたが、営業してみると1ヵ所あれば充分足りていて、バー側のシンクはほとんど使っていない状態に。シンクを置いたぶん、製氷機の容量が小さくて毎日ギリギリになってしまっているので、もう少し容量の大きい製氷機を入れられるようにすべきでした。シンクの使用状況を見て、引き出し型の冷凍ストッカーへの変更も検討しています。

物件の契約時にはしっかり交渉すべき

物件の契約書は膨大な量がありますが、きちんと読むと違和感のある部分も少なくありません。僕の父が銀行員で知識があったため、父のアドバイスを得ながらすみずみまで目を通し、不動産屋さんに逐一確認をしてもらいました。また、保証人に関しても、初めは保証人と保証会社の両方をつけてほしいという話でしたが、保証会社をつけるなら保証人は必要ないと交渉しました。父がいてくれてほんとうに助かりました。

もっと知りたい! 店づくりのひと工夫

まだまだあります、小さな店のひと工夫! 安価で使い勝手のよい什器・備品、
インテリアのアクセントになる家具・食器、コストをかけずにオリジナリティを打ち出すDIY……、
小規模店ならではのユニークなアイデアをピックアップ!

手ごろで便利な什器・備品

ディノスのステンレス作業台

業務用の作業台は、安定性があり製造には向いていても、配置
変えを考えたときに重たくて自分では動かせないのが難点。そ
こで、業務用の作業台は1台だけに
し、ガスを置く台や梱包をする台は
簡易的なステンレス台を導入しまし
た。なかでも通販サイト「ディノス」
の作業台は、幅なども自分で調整で
きるし、価格も手ごろです。
おやつ屋 果林食堂[P.44]

簡単に高さ調整可能な
ホームエレクター

作業スペースが足りない場合は可
動式の作業台を用いていますが、使
用しないときは邪魔になるため、高
さを調整できるラックを設置し、そ
の下に収納しています。
お菓子屋 ひつじ組[P.20]

無印良品の
LEDクリップライトと、トタンボックス

売り場の照明がやや足りなかったの
ですが、天井に増設するとお金がか
かってしまいます。そこで陳列台の
後ろにリネンを吊るして、その裏に
可動式台を置き、そこに2台のクリ
ップライトを設置して裏から光をあ
てることに。布を通すので、やわらか
な光になるし、費用も抑えられました。
　また、使用頻度が高い小麦粉や
砂糖を入れる収納ボックスは密閉
できるものが適していますが、ふたのロックが固すぎると毎回開
けるのが手間になります。このトタンボックスは、虫もよらず、遮
光できて、軽くて開けやすいので重宝しています。
おやつ屋 果林食堂[P.44]

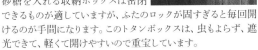

店の個性になる家具・食器

notNeutralのコーヒーカップ

使いやすく、機能性の高いデザイン。店はクラシックな雰囲気だからこそ、カップはあえてモダンなデザインにしました。

スプートニク[P.140]

IKEAの器、アベルトのカトラリー

ケーキ皿の器や水用のグラスはIKEAでプレーンなものをそろえ、カトラリーは上質なものにこだわり、メリハリをつけました。

カフェ サツキ[P.108]

1点ものの椅子

ハンドメイド作品の通販サイト「クリーマ」で購入。作家さんの味わいある1点ものの椅子も1脚1万円ほど。あまり空間が広くないのでコンパクトなものを選択。あえてバラバラのデザインのものを置くと、整然としすぎず、ちょっとした温かみが出せます。

ベイクドアップキョウコ[P.32]

ショーケースを置く特注の収納棚

2つのショーケースの高さが異なるため、下の収納棚はショーケースの高さがそろうように段差を設け、見た目に美しくなるようにしました。収納棚には包材などを入れています。ショーケースの中の、お菓子を盛る皿は、お菓子の色や形に合わせて選択。レトロな柄ものやシンプルなものなどさまざま取り合わせています。

カフェ サツキ[P.108]

うまくいったDIY

窓のペイント

白い壁と淡い色の木材をベースにしたシンプルなつくりのため、窓に描ける白いペンを使って、お店のコンセプトにあった絵を描き、華やかにしています。

幸せを運ぶドーナツ屋さん ソマリ[P.68]

ショーケースの補強

焼き菓子を置くショーケースの上面は、商品をとる際にお客さまがふれる回数が多く、ガラスだと危ないので、板を貼ってその上に焼き菓子を並べています。

お菓子屋 ひつじ組[P.20]

エアコンの風向きを変えるルーバー

オープン当初、エアコンの風が陳列したお菓子に直接あたって、乾いてしまうことが発覚。エアコンの下に風の向きを変えるルーバーをDIYで取り付けました。

ベイクドアップキョウコ[P.32]

入口の小型ライト

工場用間接資材を扱うネットストア「モノタロウ」で購入した電球色の小型ライトを、電気工事士監督のもと、入口に設置。曇りや雨の日でも、このライトをともすと、営業日だとわかってもらいやすいです。

ふくふく焼菓子店[P.36]

包装袋用のスタンプ

個包装用のプラスチック製の袋は、ロゴを印刷すると高くつくし、何もしないと味気ない。そこで、プラスチックに使えるインク「ステイズオン オペーク」を購入。イラストを描いて、消しゴムハンコを自作しました。

ふくふく焼菓子店[P.36]

入口床のタイル

お客さまが入りやすいように入口のドアは開けっぱなし。店内の床はコンクリート張りですが、入口の部分だけはタイルを貼って、目印にしました。

お菓子屋 ひつじ組[P.20]

ドライフラワーは自作

店が明るいイメージになるので生花は欠かせません。ある程度経ったら店内のドライフラワー室で生花をドライフラワーにして店に飾るほか、小さく切って箱詰め菓子のラッピング用の飾りとしても活用しています。

お菓子屋 ひつじ組[P.20]

このひと工夫で効率アップ

食洗機は必須

設計事務所とのやりとりで、ある程度お店のレイアウトが決まった段階で、残りの予算内でできることを確認。キッチンの壁面をタイルにする、食洗機を設置する、ファサードにテントを付ける、このうちどれか一つと言われ、食洗機を入れました。実際に営業してみると、食洗機なしではかなり大変だったと思います。

カフェ サツキ[P.108]

お客の混雑を防ぐ

ベンチを店内に置くことで、複数人のお客さまが入ってきたときも、注文がすんだ方から座って待ってもらうことができ、混雑を避けることができています。

ヤミー ベイク[P.40]

ガラス窓だと厨房と連携しやすい

売り場と厨房の境はガラス張りなので、売り場から厨房の様子がよくわかります。互いの行動を確認できるので、どちらかが忙しいときはすぐに手伝いに入ることができます。

ヤミー ベイク[P.40]

電話は置かない

かかってくる電話は予約の電話よりも、とにかく営業の電話が多い……。電話に出ることが負担になるので、電話は置かず、その代わりインスタグラムに毎日投稿してお客さまが必要だと思われる情報を提供しています。

お菓子屋 ひつじ組[P.20]

予約のみの販売日をつくる

行列ができてお客さまを待たせることが多かったのと、日によって売れる個数がまちまちだったことから、夏はロスを出さないためにも月曜と金曜は事前予約販売のみとしました。予約はインスタグラム、電話、ファックスで受け付けています。お客さまが取りに来られる時間を聞いて、準備しています。予約だと、15個以上の注文が多く、100個以上などの大口の注文にも対応できます。

幸せを運ぶドーナツ屋さん ソマリ[P.68]

販売先を増やす

自分の店だけでは認知度アップにも時間がかかるので、スーパーや道の駅に商品を置いてもらって、人の目にふれる機会を増やしています。ほかの買いもののついでに買われるお客さまも少なくありません。

幸せを運ぶドーナツ屋さん ソマリ[P.68]

会計の場所をわかりやすく

テイクアウトのお客さまが利用しやすいよう、入口の正面にショーケースと会計カウンターを配置。お客さまが注文・支払いをするスペースを広めにとりました。

カフェ サツキ[P.108]

無料版のPOSレジ

POSレジアプリは無料版の「loyverse」を使用。現金決済のみですが、まずは無料版を試し、クレジット需要を見てから有料版の検討をするとよいと思います。

お菓子屋 ひつじ組[P.20]

アルバイトの勤怠は無料アプリで管理

アルバイトの勤怠は無料勤怠管理システム「ポチ勤」というアプリで把握。また、シフトの調整はLINEで行うことで、お互いにすばやく状況を共有できています。

ティーウィズサンドイッチ[P.96]

菓子店、パン店、カフェ

小さな店のつくり方

初版発行　2023年4月15日
2版発行　2024年9月10日

編者©　café-sweets（カフェ-スイーツ）編集部
発行人　丸山兼一
発行所　株式会社柴田書店
　　　　〒113-8477
　　　　東京都文京区湯島3-26-9 イヤサカビル
　　　　営業部　　　03-5816-8282（注文・問合せ）
　　　　書籍編集部　03-5816-8260
　　　　https://www.shibatashoten.co.jp
印刷・製本　シナノ書籍印刷株式会社